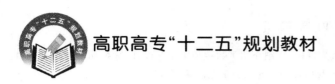

高职高专"十二五"规划教材

数控加工工艺与装备

主 编 周 林 陈 宇

北京航空航天大学出版社

内 容 简 介

本书以培养学生的数控加工工艺设计能力为目标,详细介绍了数控加工工艺设计、数控加工刀具和夹具的基础知识,并结合实例,讲解了数控车、数控铣及加工中心的加工工艺的编制过程。

本书按照面向生产第一线所需要的应用型技术人才的工程素质培养要求编写,在突出职业教育特点的同时,又考虑了使用者后续知识学习的需要,突出了工艺能力的培养,同时注重工艺装备的设计与选用。全书共分为 6 章,内容包括数控加工工艺系统概述、数控加工刀具、数控机床夹具、数控车削加工工艺、数控铣削加工工艺、数控加工中心加工工艺。

本书内容丰富,实用性强;理论问题讲授条理清晰、结构合理,知识点涵盖全面,易于掌握;实例分析典型、全面,完全按照培养学生的实际应用能力和生产实际的过程要求编写,有一定的示范性。

本书可作为高职高专学校数控加工工艺与装备课程的教材,也可以作为从事数控加工技术人员和操作人员、数控工艺员的培训教材,还可以供其他有关技术人员参考。

图书在版编目(CIP)数据

数控加工工艺与装备/周林,陈宇主编. --北京:北京航空航天大学出版社,2014.4

ISBN 978 - 7 - 5124 - 1293 - 4

Ⅰ. ①数… Ⅱ. ①周… ②陈… Ⅲ. ①数控机床—加工工艺—高等职业教育—教材②数控机床—加工—设备—高等职业教育—教材 Ⅳ. ①TG659

中国版本图书馆 CIP 数据核字(2013)第 256928 号

数据加工工艺与装备

主 编 周 林 陈 宇

责任编辑 孙兴芳

*

北京航空航天大学出版社出版发行

北京市海淀区学院路 37 号(邮编 100191) http://www.buaapress.com.cn

发行部电话:(010)82317024 传真:(010)82328026

读者信箱:goodtextbook@126.com 邮购电话:(010)82316524

北京兴华昌盛印刷有限公司印装 各地书店经销

*

开本:787×1092 1/16 印张:12.25 字数:314 千字

2014 年 4 月第 1 版 2014 年 4 月第 1 次印刷 印数:3000 册

ISBN 978 - 7 - 5124 - 1293 - 4 定价:25.00 元

前　言

　　数控加工作为一种先进的零件加工技术,在产品研制中得到了广泛的应用。零件的数控加工程序的编制是数控加工设备操作工、数控工艺员和编程员的典型工作任务,是数控技术高技能人才必须掌握的技能,也是高职数控技术、机械、模具类专业一门重要的骨干专业课。

　　本书以培养学生的数控加工工艺设计能力为目标,详细介绍了数控加工工艺设计、数控加工刀具和夹具的基础知识,并结合实例,讲解了数控车、数控铣及加工中心的加工工艺的编制过程。

　　本书按照面向生产第一线所需要的应用型技术人才的工程素质培养要求编写,在突出职业教育特点的同时,又考虑了使用者后续知识学习的需要,突出了工艺能力的培养,同时注重工艺装备的设计与选用。学生在学习本课程后,结合本系列的其他教材学习,将能够自己制定数控加工工艺,设计、选用合理的工艺装备,自己编制程序,并执行工艺过程加工出合格的零件。全书共分为六章,内容包括数控加工工艺系统概述、数控加工刀具,数控机床夹具,数控车削加工工艺,数控铣削加工工艺,数控加工中心加工工艺。

　　本书内容丰富,实用性强;理论问题讲授条理清晰、结构合理,知识点涵盖全面,易于掌握;实例分析典型全面,完全按照培养学生实际应用能力,按生产实际过程要求编写,有一定的示范性。本书可作为高职高专院校数控加工工艺与装备课程的教材,也可以作为从事数控加工技术人员和操作人员,数控工艺员的培训教材,还可以供其他有关技术人员参考。

　　本书由四川航天职业技术学院周林、陈宇担任主编。其中:周林负责全书的统稿和定稿工作,并编写了第 2 章和第 5 章;陈宇编写了第 4 章;吴京霞编写了第 3 章和第 6 章,杨清丽编写了第 1 章。本书承四川航天职业技术学院王立波副教授和中国航天长征机械厂卢伶高级技师审稿,并提出许多宝贵意见,在此表示衷心感谢!

　　本书在编写过程中得到了学院各级领导及企业技术人员的大力支持,并且参考了大量相关教科书、资料,在此一并表示衷心的感谢!

　　由于时间仓促,编者水平和经验有限,书中难免有欠妥和错误之处,恳请读者批评指正。

编　者

2013 年 9 月

目　　录

第1章　数控加工工艺系统概述

【学习目标】
① 理解数控加工的原理与加工过程。
② 了解数控加工工艺的概念与特点。
③ 掌握数控加工工艺的内容。
④ 掌握工艺文件的编制。
⑤ 了解数控加工与数控技术的发展趋势。

1.1　数据加工原理与加工过程

1.1.1　数据加工原理

使用机床加工零件时，通常都需要对机床的各种动作进行控制，一是控制动作的先后次序，二是控制机床各运动部件的位移量。

采用普通机床加工时，开车、停车、走刀、换向、主轴变速和开关切削液等操作都是由人工直接控制的。

采用自动机床和仿形机床加工时，上述的操作和运动参数则是通过设计好的凸轮、靠模和挡块等装置以模拟量的形式来控制的，它们虽能加工比较复杂的零件，且有一定的灵活性和通用性，但是零件的加工精度受凸轮、靠模制造精度的影响，而且工序准备时间也很长。

采用数控机床加工零件时，只需要将零件图形和工艺参数、加工步骤等以字母和数字信息的形式，编成程序代码输入到机床控制系统中（这种从零件图纸到控制介质的过程被称为数控编程），再由数控系统进行运算处理后转成驱动伺服机构的指令信号，从而控制机床各部件协调动作，自动地加工出零件来。当更换加工对象时，只需要重新编写程序代码输入给机床，即可由数控装置代替人的大脑和双手的大部分功能，控制加工的全过程，制造出任意复杂的零件。

数控系统加工原理就是将预先编好的加工程序以数据的形式输入数控系统，数控系统通过译码、刀补处理、插补计算等数据处理和 PLC 协调控制，最终实现零件的加工。

1.1.2　数控加工过程

数控加工就是根据零件图样及工艺要求等原始条件，编制零件数控加工程序，并输入到数控机床的数控系统，以控制机床中刀具与工件的相对运动，从而完成零件的加工。利用数控机床完成零件加工的过程如图 1-1 所示，主要内容如下。

1. 加工过程

（1）确定该零件是否适合在数控机床上加工，或适合在哪种类型的数控机床上加工。只有那些属于批量小、形状复杂、精度要求高及生产周期要求短的零件才最适合数控加工，同时

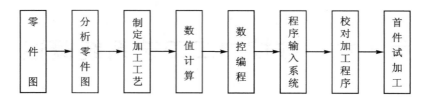

图 1-1 数控加工过程

要明确加工内容和要求。

（2）制定加工工艺。在对零件图样做了全面分析的前提下，确定零件的加工方法（如采用的工夹具、装夹定位方法等）、加工路线（如对刀点、换刀点、进给路线）及切削用量等工艺参数（如进给速度、主轴转速、切削宽度和切削深度等）。制定数控加工工艺时，除考虑数控机床使用的合理性及经济性外，还须考虑所用夹具应便于安装，便于协调工件和机床坐标系的尺寸关系，对刀点应选在容易找正并在加工过程中便于检查的位置，进给路线尽量短，并使数值计算容易，加工安全可靠等因素。

（3）数值计算。根据工件图及确定的加工路线和切削用量，计算出数控机床所需的输入数据。数值计算主要包括计算工件轮廓的基点和节点坐标等。

（4）数控编程。根据加工路线计算出刀具运动轨迹坐标值和已确定的切削用量以及辅助动作，依据数控装置规定使用的指令代码及程序段格式，逐段编写零件加工程序单。编程人员必须对所用的数控机床的性能、编程指令和代码都非常熟悉，这样才能正确编写出加工程序。

（5）程序输入数控系统。程序单编好之后，需要通过一定的方法将其输入到数控系统。常用的输入方法有手动数据输入和通过机床的通信接口输入两种。

（6）校对加工程序。通常数控加工程序输入完成后，需要校对其是否有错误。一般是将加工程序上的加工信息输入到数控系统进行空运转检验，也可在数控机床上用笔代替刀具，以坐标纸代替工件进行画图模拟加工，以检验机床动作和运动轨迹的正确性。

（7）首件试加工。校对后的加工程序还不能确定出因编程计算不准确或刀具调整不当而造成的加工误差的大小，因而还必须经过首件试切的方法进行实际检查，进一步考察程序单的正确性，并检查工件是否达到加工精度。根据试切情况反过来进行程序单的修改以及采取尺寸补偿措施等，直到加工出满足要求的零件为止。

2. 数据转换

CNC 系统的数据转换过程如图 1-2 所示。

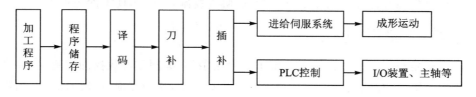

图 1-2 CNC 系统的数据转换过程

（1）译码。译码程序的主要功能是将文本格式表达的零件加工程序，以程序段为单位转换成刀补处理程序的数据格式，把各种零件轮廓信息（如起点、终点、直线或圆弧等）、加工速度信息（F 代码）和其他辅助信息（M、S、T 代码等），按照一定的语法规则解释成计算机能够识别的数据形式,并以一定的数据格式存放在指定的内存专用单元中。在译码过程中,还要对程序段进行语法检查,若发现语法错误便立即报警。

（2）刀补处理。刀具补偿包括刀具长度补偿和刀具半径补偿。通常 CNC 装置的零件程序以零件轮廓轨迹编程,刀具补偿作用是把零件轮廓轨迹转换成刀具中心轨迹。目前在比较好的 CNC 装置中,刀具补偿的工件还包括程序段之间的自动转接和过切削判别,这就是刀具补偿。

（3）插补计算。插补的任务是在一条给定起点和终点的曲线上进行"数据点密化"。插补程序在每个插补周期运行一次,在每个插补周期内,根据指令进给速度计算出一个微小的直线数据段。通常,经过若干次插补周期后,插补加工完一个程序段轨迹,即完成从程序段起点到终点的"数据点密化"工作。

（4）PLC 控制。CNC 系统对机床的控制有两种,分为对各坐标轴的速度和位置的"轨迹控制",以及对机床动作的"顺序控制"或称"逻辑控制"。PLC 控制可以在数控机床运行过程中,以 CNC 内部和机床各行程开关、传感器、按钮、继电器等开关信号状态为条件,并按预先规定的逻辑关系对诸如主轴的启停、换向,刀具的更换,工件的夹紧、松开,液压、冷却、润滑系统的运行等进行控制。

1.2　数控加工工艺的概念与特点

数控加工工艺是采用数控机床加工零件时所运用各种方法和技术手段的总和,应用于整个数控加工工艺过程。数控加工工艺是伴随着数控机床的产生、发展而逐步完善起来的一种应用技术,它是人们进行大量数控加工实践的经验总结。

数控加工工艺过程是利用切削刀具在数控机床上直接改变加工对象的形状、尺寸、表面位置、表面状态等,使其成为成品或半成品的过程。由于数控加工工艺采用了计算机控制系统和数控机床,使得数控加工具有加工自动化程度高、精度高、质量稳定、生成效率高、周期短、设备使用费用高等特点。与普通加工工艺相比,数控加工工艺具有如下特点。

1. 数控加工工艺内容要求更具体、详细

普通加工工艺:许多具体工艺问题,如工步的划分与安排、刀具的几何形状与尺寸、走刀路线、加工余量、切削用量等,在很大程度上由操作人员根据经验和习惯自行考虑和决定,一般无需工艺人员在设计工艺规程时进行过多的规定,零件的尺寸精度也由试切保证。

数控加工工艺:所有工艺问题必须事先设计和安排好,并编入加工程序。数控工艺不仅包括详细的切削加工步骤,还包括夹具型号、规格、切削量和其他特殊要求的内容,以及标有数控加工坐标位置的工序图等。在自动编程中更需要确定详细的各种工艺参数。

2. 数控加工工艺要求更严密、精确

普通加工工艺:加工时可以根据加工过程中出现的问题比较自由地进行人为调整。

数控加工工艺:自适应性较差,加工过程中可能遇到的所有问题必须事先精心考虑,否则将导致严重的后果。例如:攻螺纹时,数控机床不知道孔中是否已挤满切屑,是否需要退刀清理切屑再继续加工。

普通机床加工可以多次"试切"来满足零件的精度要求,而数控加工过程则严格按规定尺

寸进给,要求准确无误。因此,数控加工工艺设计要求更加严密、精确。

3. 制定数控加工工艺要进行零件图形的数学处理和编程尺寸设定值的计算

编程尺寸并不是零件图上设计尺寸的简单再现。在对零件图进行数学处理和计算时,编程尺寸设定值要根据零件尺寸公差要求和零件的形状关系重新调整计算,才能确定合理的编程尺寸。

4. 要考虑进给速度对零件形状精度的影响

制定数控加工工艺时,选择切削用量时,要考虑进给速度对加工零件形状和精度的影响。在数控加工中,刀具的移动轨迹是由插补运算完成的。根据插补原理分析,在数控系统已定的条件下,进给速度越快,则插补精度越低,导致工件的轮廓形状精度越差,尤其在高精度加工时这种影响更加明显。

5. 强调刀具选择的重要性

复杂形状的加工编程通常采用自动编程方式,自动编程中必须先选定刀具再生成刀具中心运动轨迹,因此,对于不具有刀具补偿功能的数控机床来说,若刀具预先选择不当,则所编程序只能推倒重来。

6. 数控加工工艺的特殊要求

(1) 由于数控机床比普通机床的刚度高,所配的刀具也较好,因此在同等情况下,数控机床切削用量比普通机床大,加工效率也较高。

(2) 数控机床的功能复合化程度越来越高,因此现代数控加工工艺的明显特点是工序相对集中,表现为工序数目少、工序内容多,并且由于在数控机床上尽可能安排较复杂的工序,所以数控加工的工序内容比普通机床加工的工序内容复杂。

(3) 由于数控机床加工的零件比较复杂,因此在确定装夹方式和夹具设计时,要特别注意刀具与夹具、工件的干涉问题。

7. 数控加工程序的编写、校验与修改是数控加工工艺的一项特殊内容

普通加工工艺中的划分工序、选择设备等重要内容对数控加工工艺来说属于已基本确定的内容,所以制定数控加工工艺的着重点是整个数控加工过程的分析,关键在确定进给路线及生成刀具运动轨迹。复杂表面的刀具运动轨迹的生成需借助自动编程软件,既是编程问题,当然也是数控加工工艺问题,这也是数控加工工艺与普通加工工艺最大的不同之处。

1.3 数控加工工艺的内容

1.3.1 数控加工工艺的主要内容

合理确定数控加工工艺对实现优质、高效和经济的数控加工具有极为重要的作用。其内容包括选择合适的机床、刀具、夹具、走刀路线及切削用量等,只有选择合适的工艺参数及切削策略才能获得较理想的加工效果。从加工的角度看,数控加工技术主要是围绕加工方法与工艺参数的合理确定及其实现的理论与技术。数控加工通过计算机控制刀具做精确的切削加工运动,是完全建立在复杂的数值运算之上的,它能实现传统的机加工无法实现的合理、完整的工艺规划。

根据实际应用需要,数控加工工艺主要包括以下内容。

(1)选择适合在数控机床上加工的零件,确定数控机床加工的内容。

(2)对零件图样进行数控加工工艺分析,明确加工内容及技术要求。

(3)具体设计数控加工工序,如工步的划分、工件的定位与夹具的选择、刀具的选择、切削用量的确定等。

(4)处理特殊的工艺问题,如:对刀点、换刀点的选择,加工路线的确定,刀具补偿等。

(5)程序编制误差及其控制。

(6)处理数控机床的部分工艺指令和编制工艺文件。

1.3.2　数控机床的合理选用

从加工工艺的角度分析,选用的数控机床功能必须适应被加工零件的形状、尺寸精度和生产节拍等要求。

(1)形状尺寸适应性。所选用的数控机床必须能适应被加工零件群组的形状尺寸要求。这一点应在被加工零件工艺分析的基础上进行,例如,加工空间曲面形状的叶片往往要选择四轴或五轴联动数控铣床或加工中心。这里要注意的是:防止由于冗余功能而付出昂贵的代价。

(2)加工精度适应性。所选择的数控机床必须满足被加工零件群组的精度要求;为了保证加工误差不超差,必须分析生产厂家给出的数控机床精度指标,保证有三分之一的储备量。但要注意:不要一味地追求不必要的高精度,只要能确保零件群组的加工精度就可以了。

(3)生产节拍适应性。根据加工对象的批量和节拍来决定是用一台数控机床来完成加工,还是选择几台数控机床来完成加工;是选择柔性加工单元、柔性制造系统来完成加工,还是选择柔性生产线、专用机床和专用生产线来完成加工。

数控机床的最大特点是具有柔性化和灵活性,最适合轮番生产和更新换代快的产品。如果产品生命周期较长且批量大,选用专机、专线来保证生产率和生产节拍要求也许更为合理。

选用数控机床时还要注意上下工序间的节拍应协调一致,要注意外部设备的配置、编程、操作、维修等支撑环境。如果它们都不能协调运行,再好的数控机床也不能很好地发挥作用。

数控加工的缺点是设备费用较高。尽管如此,随着数控技术的发展、数控机床的普及和对数控机床认识上的提高,其应用范围必将日益扩大。

1.3.3　数控加工工艺分析

数控机床加工中所有工步的刀具选择、走刀轨迹、切削用量、加工余量等都要预先确定好并编入加工程序。一个合格的编程员首先应该是一个很好的工艺员,他对数控机床的性能、特点和应用、切削规范和标准工具系统等要非常熟悉,否则就无法做到全面、周到地考虑加工的全过程,并正确、合理地编制零件的加工程序。

数控加工工艺性分析涉及内容很多,在此仅从数控加工的必要性、可能性与方便性加以分析。

1. 零件加工工艺分析决定零件进行数控加工的内容

当某个零件采用数控加工时,并不等于它所有的加工内容都要由数控加工来完成,而进行数控加工的内容可能只是其中的一部分。因此,必须对零件图样进行仔细的工艺分析,选择那些最适合、最需要数控加工的内容和工序进行数控加工。在选择时，应结合实际生产情况，立足于解决难题和提高生产率，充分发挥数控加工的优势，一般可按下列顺序考虑。

（1）优先选择通用机床无法加工的内容进行数控加工。

（2）重点选择通用机床难以加工或质量难以保证的内容进行数控加工。

（3）采用通用机床加工效率较低、劳动强度较大的内容，在数控机床尚存富裕能力的基础上选择数控加工。

通常，上述加工内容采用数控加工后，在加工质量、生产率与综合经济效益等方面都会得到明显的提高。此外，在选择和决定加工内容时，也要考虑生产批量、生产周期和工序间周转情况等。总之，要尽量做到"优质、高产、低消耗"，要防止把数控机床降格为通用机床使用。

2. 零件的结构工艺性分析

零件的结构工艺性是指所设计的零件在能满足使用要求的前提下，制造的可行性和经济性。目前对零件结构工艺性好坏的评判主要采用定性的方式进行。

通过对零件的工艺分析，可以深入全面地了解零件，及时地对零件结构和技术要求等作必要的修改，进而确定该零件是否适合在数控机床上加工，适合在哪台数控机床上加工，在某台机床上应完成零件的哪些工序或哪些表面的加工等。

1.3.4 数控加工工艺设计

数控加工工艺设计与普通加工工艺设计相似。首先需要选择定位基准；再确定所有加工表面的加工方法和加工方案；然后确定所有工步的加工顺序，把相邻工步划为一个工序，即进行工序划分；最后再将需要的其他工序如普通加工工序、辅助工序、热处理工序等插入，并衔接于数控加工工序序列之中，就得到了要求零件的数控加工工艺路线。

1. 定位基准的选择

定位基准选择正确的与否不仅直接影响数控加工零件的加工精度，还会影响到夹具结构的复杂程度和加工效率等。

精基准的选择应从保证零件的加工精度，特别是加工表面的相互位置精度的角度来考虑，同时也必须尽量使装夹方便，夹具结构简单、可靠。精基准的选择应遵循如下原则。

（1）"基准重合"原则。即应尽可能选用设计基准作为精基准，这样可以避免由于基准不重合面引起的误差。

（2）"基准统一"原则。即在加工工件的多个表面时尽可能使用同一组定位基准作为精基准。这样便于保证各加工表面的相互位置精度，避免基准变换所产生的误差，并能简化夹具的设计与制造。

（3）"互为基准"原则。当两个加工表面相互位置精度以及自身的尺寸与形状精度都要求很高时，可以采用互为基准的原则，反复多次进行加工。

（4）"自为基准"原则。有些精加工或光整加工工序要求加工余量小而均匀，在加工时就应尽量选择加工表面本身作为精基准，而该表面与其他表面之间的位置精度则由先行工序保证。

数控机床加工在选择定位基准时除了遵循以上原则外，还应考虑以下几点。

（1）应尽可能在一次装夹中完成所有能加工表面的加工，为此要选择便于各个表面都能加工的定位方式。如对于箱体零件,宜采用一面两销的定位方式,也可采用以某侧面为导向基准、待工件夹紧后将导向元件拆去的定位方式。

(2) 如果用一次装夹完成工件上各个表面加工,也可直接选用毛面作定位基准,只是这时毛坯的制造精度要求更高一些。

2. 加工方法和加工方案的确定

(1) 加工方法的选择。加工方法的选择原则是保证加工表面的加工精度和表面粗糙度的要求。由于获得同一精度和表面粗糙度的加工方法有许多,因而在实际选择时,要结合零件的结构形状、尺寸大小和热处理要求等全面考虑。例如,对于 IT7 级精度的孔采用镗削、铰削、磨削等加工方法均可达到精度要求,但箱体上较大的孔一般采用镗削,较小的孔宜选择铰削,并且箱体上的孔不宜采用磨削。此外,还应考虑生产率和经济性的要求以及现有实际生产情况等。常用加工方法的经济加工精度和表面粗糙度可查阅有关工艺手册。

工件表面轮廓可分为平面和曲面两大类,其中平面类中的斜面轮廓又分为有固定斜角的外轮廓面和有变斜角的外轮廓面。工件表面的轮廓不同,选择的数控机床和加工方法也不相同。

应根据零件的尺寸精度、倾斜角的大小、刀具的形状、零件的装夹方法、编程的难易程度等因素选择一个较合理的加工方案。

此外,还要考虑选择机床的合理性。例如,单纯铣轮廓表面或铣槽的中小型零件,选择数控铣床进行加工较好;而大型非圆曲线、曲面的加工或者是不仅需要铣削而且有孔加工的零件宜在加工中心上加工。

(2) 加工方案的确定。任何一种零件都是由平面、内外圆柱面、内外倒锥面和成形表面等简单几何表面组成的。因此,确定各种零件的加工方案,实际上就是依据零件要求的加工精度和表面粗糙度及零件的结构特点,把每一几何表面的加工方案确定下来,按合理的加工顺序排列起来,也就确定了零件的加工工艺方案。

确定加工方案时,首先应根据表面的加工精度和表面粗糙度要求,初步确定为达到这些要求所需要的最终加工方法,然后再确定其前面一系列的加工方法,即获得该表面的加工方案。例如,对于箱体上孔径不大的 IT7 级精度的孔,先确定最终加工方法为精铰,而精铰孔前则通常要经过钻孔、扩孔和粗铰等工序的加工。在确定表面的加工方案时,可查阅有关工艺手册。

3. 加工顺序的安排

加工顺序安排的合理与否将直接影响零件的加工质量、生产率和加工成本。在安排数控加工顺序时应遵循以下原则。

(1) 合理进行工序组合,尽量采用工序集中,即将工件的加工集中到少数工序完成,每道工序的加工内容较多。

(2) 定位基准面应在工艺过程一开始就进行粗、精加工,然后再加工其余表面。

(3) 精度要求较高的主要表面的粗加工一般应安排在次要表面粗加工之前,这样有利于及时发现毛坯的内在缺陷。

(4) 加工大表面时,内应力和热变形对工件影响较大,一般也需先加工,对于较小的次要表面,一般都把粗精加工安排在一个工序完成。

(5) 对箱体类零件来说,为提高孔的位置精度,应先加工面,后加工孔。

(6) 加工中容易损伤的表面(如螺纹等),应放在加工路线的后面。

(7) 尽量使工件的装夹次数、工作台转动次数、刀具更换次数及所有空行程时间减至最少,提高加工精度和生产率。例如:对于加工中心,若换刀时间较工作台转位时间长,在不影响加工精度的前提下,可按刀具集中工序,即在一次装夹中,用同一把刀具加工完该刀具能加工的所有部位,再换下一把刀具加工其他部位,这样可以减少换刀次数和时间。但若换刀时间远短于工作台转位时间,则应采用相同工位集中加工的原则,即在不转动工作台的情况下尽可能加工完所有可以加工的待加工表面,然后再转动工作台去加工其他表面。

(8) 为了提高机床的使用效率,在保证加工质量的前提下,可将粗加工和半精加工合为一道工序。

下面通过一个实例来说明这些原则的应用。

如图 1-3 所示,该零件可以先在普通机床上把底面和 4 个轮廓面加工好("先基面后其他"),其余的顶面、孔及沟槽安排在立式加工中心上完成(工序集中原则)。

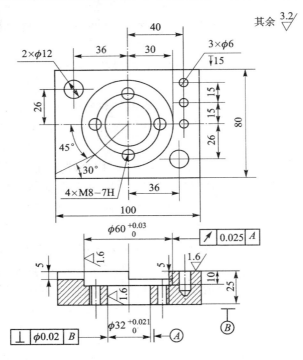

图 1-3 零件简图

加工中心工序按"先面后孔"、"粗精分开"、"先主后次"等原则划分为如下 15 个工步。

① 粗铣顶面。

② 钻 $\phi 32$、$\phi 12$ 孔的定位中心孔。

③ 钻 $\phi 32$、$\phi 12$ 孔至 $\phi 11.5$。

④ 扩 $\phi 32$ 孔至 $\phi 30$。

⑤ 钻 $3 \times \phi 6$ 孔至尺寸。

⑥ 粗铣 $\phi 60$ 沉孔及沟槽。

⑦ 钻 $4 \times M8$ 底孔至 $\phi 6.8$。

⑧ 镗 ϕ32 孔至 ϕ31.7。

⑨ 精铣顶面。

⑩ 铰 ϕ12 孔至尺寸。

⑪ 精镗 ϕ32 孔至尺寸。

⑫ 精铣 ϕ60 沉孔及沟槽至尺寸。

⑬ ϕ12 孔口倒角。

⑭ 3×ϕ6、4×M8 孔口倒角。

⑮ 攻 4×M8 螺纹完成。

此外,在安排加工顺序时,还要注意数控加工工序与普通加工、热处理和检验等工序的衔接。如果衔接得不好就容易产生矛盾,最好的解决办法是建立工序间的相互状态联系,在工艺文件中做到互审会签。例如:是否预留加工余量,留多少;定位基准的要求;零件的热处理等,都要前后兼顾,统筹衔接。

4. 对刀点与换刀点的确定

所谓对刀是确定工件在机床上的位置,也即是确定工件坐标系与机床坐标系的相互位置关系,对刀过程一般是从各坐标方向分别进行,它可理解为通过找正刀具与一个在工件坐标系中有确定位置的点(即对刀点)来实现。选择对刀点的原则是:便于确定工件坐标系与机床坐标系的相互位置,容易找正,加工过程中便于检查,引起的加工误差小。

对刀点可以设在工件、夹具或机床上,但必须与工件的定位基准(相当于与工件坐标系)有已知的准确关系,这样才能确定工件坐标系与机床坐标系的关系。当对刀精度要求较高时,对刀点应尽量选在零件的设计基准或工艺基准上,对于以孔定位的工件,一般取孔的中心作为对刀点。

对刀时直接或间接地使对刀点与刀位点重合。所谓刀位点,是指编制数控加工程序时用以确定刀具位置的基准点。对于平头立铣刀、面铣刀类刀具,刀位点一般取为刀具轴线与刀具底端面的交点;对球头铣刀,刀位点为球心;对于车刀、镗刀类刀具,刀位点为刀尖;钻头则取为钻尖等,如图 1-4 所示。

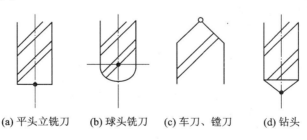

(a) 平头立铣刀　　(b) 球头铣刀　　(c) 车刀、镗刀　　(d) 钻头

图 1-4　刀位点

对数控车床、加工中心等数控机床,在加工过程中要换刀,编程时应考虑选择合适的换刀位置。为了防止换刀时刀具碰伤工件,换刀点必须设在零件的外部。

5. 刀具走刀路线的确定

刀具走刀路线泛指刀具从对刀点(或机床固定原点)开始运动起,直至返回该点并结束加工程序所经过的路径。也就是说,刀具在整个加工工序中的运动轨迹,包括切削加工的路径及刀具引入、切出等非切削空行程。走刀路线不但包括了工步的内容,也反映了工步顺序,因此走刀路线是编写程序的依据之一。确定走刀路线的工作重点主要在于确定粗加工及空行程的走刀路线,因为精加工切削过程的走刀路线基本上都是沿其零件轮廓顺序进行的。

走刀路线的确定方式和原则将在以后各章中重点讲述。

6. 数控加工刀具的选择

刀具的合理选择和使用对于提高数控加工效率、降低生产成本、缩短交货期及加快新产品开发等方面有十分重要的作用。国外有资料表明,刀具费用一般占制造成本的 2.5% ~ 4%,但它却直接影响占制造成本 20% 的机床费用和 38% 的人工费用。如果进给速度和切削速度提高 15% ~ 20%,则可降低 10% ~ 15% 的制造成本。这说明使用好刀具会增加成本,但效率提高则会使机床费用和人工费用有很大的降低,这正是工业发达国家制造业所采取的加工策略之一。

关于数控机床刀具的内容详见本书第 2 章,此处不再详述。

7. 工件的装夹与夹具的选择

在数控加工时,无论数控机床本身具有多高的精度,如果工件因装夹不合理而产生变形或歪斜,就会因此降低零件加工精度。要正确装夹工件,必须合理地选用数控夹具,这样才能保证加工出高质量的产品。

1)工件装夹的基本原则

数控加工时,工件装夹的基本原则与普通机床相同,都要根据具体情况合理选择定位基准和夹紧方案。为了提高数控加工的生产率,在确定定位基准与夹紧方案时应注意以下几点。

(1)力求设计基准、工艺基准与编程计算的基准统一。

(2)尽量减少工件的装夹次数和辅助时间,即尽可能在工件的一次装夹中加工出全部待加工表面。

(3)避免采用占机人工调整方案,以充分发挥数控机床的效能。

(4)对于加工中心,工件在工作台上的安放位置要兼顾各个工位的加工,要考虑刀具长度及其刚度对加工质量的影响。如进行单工位单面加工,应将工件向工作台一侧放置;若是四工位四面加工,则应将工件放置在工作台的正中位置,这样可减少刀杆伸出长度,提高其刚度。

2)选择夹具的基本原则

数控加工的特点对夹具提出了两个基本要求:一是要保证夹具的坐标方向与机床的坐标方向相对固定;二是要协调工件和机床坐标系的尺寸关系。除此之外,还要考虑以下几点。

(1)在单件小批生产条件下,应尽量采用组合夹具、可调夹具及其他通用夹具,以缩短生产准备时间,提高生产率。

(2)在成批生产时应考虑采用专用夹具,并力求结构简单。

(3)采用辅助时间短的夹具,即工件的装卸要迅速、方便、可靠。

(4)为满足数控加工精度,要求夹具定位、夹紧精度高。

(5)夹具上各零部件应不妨碍机床对工件各表面的加工,即夹具要敞开,其定位、夹紧机构元件不能影响加工时刀具的进给(如产生碰撞等)。

(6)便于清扫切屑。

关于数控机床夹具的内容详见本书第 3 章,此处不再详述。

8．切削用量的确定

切削用量包括主轴转速（切削速度）、背吃刀量和进给量（或进给速度）。切削用量的合理选择将直接影响加工精度、表面质量、生产率和经济性，其确定原则与普通加工相似。合理选择切削用量的原则是：粗加工时，一般以提高生产率为主，但也应考虑经济性和生产成本。因此，在工艺系统刚度允许的情况下，应充分利用机床功率，发挥刀具切削性能，选取较大的背吃刀量 α_p 和进给量 f，但不宜选取较高的切削速度 v_c。半精加工和精加工时，应在保证加工质量（即加工精度和表面粗糙度）的前提下，兼顾切削效率、经济性和生产成本，一般应选取较小的背吃刀量 α_p 和进给量 f，以及尽可能高的切削速度 v_c。具体数据应根据机床使用说明书、切削用量手册，并结合实际经验加以修正确定。

1）主轴转速 n（r·min^{-1}）

主轴转速 n 主要根据允许的切削速度 v_c（m·min^{-1}）来选取。

计算公式为：

$$n = \frac{1\ 000v_c}{\pi D}$$

式中：v_c 为切削速度，m/min；D 为工件或刀具的直径，mm。

在确定主轴转速时，首先需要根据零件和刀具材料以及加工性质（如粗、精加工）等条件来确定其允许的切削速度。

切削速度为切削用量中对切削加工影响最大的因素，它对加工效率、刀具寿命、切削力、表面粗糙度、振动、安全等会产生很大的影响。增大切削速度可提高切削效率，减小表面粗糙度值，但却使刀具耐用度降低。因此，要综合考虑切削条件和要求，选择适当的切削速度。通常以经济切削速度切削工件。经济切削速度是指刀具耐用度确定为 60～100 min 的切削速度。

确定切削速度时可根据刀具产品目录或切削手册，并结合实际经验加以修正确定。需要注意的是，一般刀具目录中提供的切削速度推荐值是按刀具耐用度为 30 min 给出的，假如加工中要使刀具耐用度延长到 60 min，则切削速度应取推荐值的 70%～80%；反之，如果采用高速切割，耐用度选 15 min，则切削速度可取推荐值的 1.2～1.3 倍。另外，切削速度与加工材料也有很大关系，例如用立铣刀铣削合金钢 30CrNi2MoVA 时，v_c 可采用 8 m·min^{-1} 左右；而用同样的立铣刀铣削铝合金时，v_c 可选 200 m·min^{-1} 以上。附表 1 列出了车削常用金属材料的切削速度，附录中附表 1 列出了铣削时的切削速度，可供参考。

主轴转速 n 要根据计算值在编程中给予规定。数控机床的控制面板上一般备有"主轴转速调整率"旋钮，可在加工过程中对主轴转速进行倍数调整。

2）背吃刀量 α_p（mm）

背吃刀量 α_p 主要根据机床、夹具、刀具和工件所组成的加工工艺系统的刚性来确定。在系统刚性允许的情况下，应以最少的进给次数切净余量，最好一次切除全部加工余量，以提高生产率。当零件的表面粗糙度和精度要求较高时，应考虑留出半精加工和精加工的切削余量。半精加工余量常取 0.5～2 mm；精加工余量一般比普通加工时所留出的余量小，车削和镗削加工时，常取精加工余量为 0.1～0.5 mm，铣削的精加工余量为 0.2～0.8 mm。

3）进给速度 v_f（mm·min^{-1}）与进给量 f（mm·r^{-1}）

进给速度是指在单位时间内，刀具沿进给方向移动的距离；进给量 f 指刀具在进给运动方向上相对工件的每转位移量。绝大多数的数控车床、铣床、镗床和钻床等都规定其进给速度的单位为 mm/min。但有些数控机床却以进给量(f)表示其进给速度,如有的数控车床规定其进给速度的单位为 mm/r;又如数控刨床及插床则规定以工件或刀具每往复运动一次时,两者沿进给方向的相对位移为其进给速度(实际也是进给量),其单位是 mm/(d·str)(毫米/每往复行程)。

(1)确定进给速度的原则。

① 当工件的质量要求能够得到保证时,为提高生产率,可选择较高 2 000 mm/min 以下)的进给速度。

② 切断、精加工(如顺铣)、深孔加工或用高速钢刀具切削时,宜选择较低的进给速度,有时还需选择极小的进给速度。

③ 空行程运动,特别是远距离"回零"时,可以设定尽量高的进给速度。

④ 切削时的进给速度应与主轴转速和背吃刀量相适应。

(2)进给速度的计算。

每分钟进给速度的计算。进给速度(F)包括 X 向、Y 向和 Z 向的进给速度(即 F_x、F_Y 和 F_z),其计算公式为:

$$F = nf$$

式中:F 为进给速度,mm/min;f 为进给量,mm/r;n 为工件或刀具的转速,r/min。

式中进给量 f 的大小应根据其他几项切削用量、刀具状况和机床功率等进行综合考虑,粗车时一般取为 0.3～0.8 mm/r,精车时常取为 0.1～0.3 mm/r,切断时常取为 0.05～0.2 mm/r。附录中附表 1～附表 9 给出了常用材料不同加工方法的推荐切削参数,供大家参考。

加工时,如果通过提高切削速度来提高切削效率,将会使刀具耐用度降低,从而增加因刀具更换所需的辅助时间。由于受数控机床输出转矩的限制,用增大进给量的方法来提高切削效率更为有效。在刀具许可的范围内增加进给量,将使刀具耐用度降低的情况减至最小。但是,增加进给量会对表面粗糙度或切屑处理产生影响。粗加工时,影响进给量选择的主要因素是工艺系统的刚性和高生产率的要求。精加工时,影响进给量选择的主要因素是加工精度和表面粗糙度的要求。因此,粗加工时应选较大的进给量,精加工时应选较小的进给量。在加工过程中,进给量 f 也可通过机床控制面板上的"切削进给率"旋钮进行人工调整,但是最大进给速度要受到设备刚度和进给系统性能等的限制。

9. 程编误差及其控制

除零件程序编制过程中产生的误差外,影响数控加工精度的还有很多其他误差因素,如机床误差、系统插补误差、伺服动态误差、定位误差、对刀误差、刀具磨损误差、工件变形误差等,而且它们是加工误差的主要来源。因此,零件加工要求的公差允许分配给编程的误差只能占很小一部分,一般应控制在零件公差要求的 10%～20% 以内。

程序编制中产生的误差主要由下述 3 部分组成。

(1)几何建模误差,这是用近似方法表达零件轮廓形状时所产生的误差。例如,当需要仿制已有零件而又无法考证零件外形的准确数学表达式时,只能实测一组离散点的坐标值,用样条曲线或曲面拟合后编程。近似方程所表示的形状与原始零件之间有误差,但一般情况下较难确定这个误差的大小。

(2)逼近误差,包括两个方面:第一种误差是用直线或圆弧段逼近零件轮廓,即曲线或复杂刀具轨迹所产生的误差。减小这个误差最简单的方法是减小逼近线段的长度,但这将增加程序段数量和计算时间。第二种误差是在三维曲面加工时采用行切加工方法对实际型面进行近似包络成形而产生的误差。减小这个误差最简单的方法是减小走刀行距,但这不仅会成倍增加程序段数量和计算时间,更重要的是将成倍降低加工效率。

(3) 尺寸圆整误差,它是指计算过程中由于计算精度而引起的误差。在点位数控加工中,程编误差只包含尺寸圆整误差。在轮廓加工中,尺寸圆整误差所占的比例较小,相对于其他误差来说,该项误差一般可以忽略不计。对于点位加工和由直线、圆弧构成的二维轮廓加工,基本上不存在程编误差问题。但在复杂轮廓加工特别是三维曲面加工时,程编误差(主要是逼近误差)的合理控制是必须充分重视的问题之一。

1.3.5　数控编程中的数学处理

编程时的数学处理就是根据零件图样,按照已确定的加工路线和程编误差,计算出编程时所需数据的过程。其中,主要是计算零件轮廓或刀具中心轨迹的基点和节点坐标。

1. 基点坐标计算

基点是指构成零件轮廓的不同几何要素的交点或切点,如直线与直线的交点、直线与圆弧的交点或切点、圆弧与圆弧的交点或切点等。数控机床一般都具有直线和圆弧插补功能,因此,对于由直线和圆弧组成的平面、轮廓零件,编程时主要是求各基点坐标。

基点坐标计算的方法一般比较简单,可根据零件图样给定的尺寸,运用代数、三角、几何或解析几何的有关知识直接计算出数值。

2. 节点坐标计算

只具有直线和圆弧插补的数控机床无法直接加工除直线和圆弧以外的曲线,如由渐开线、阿基米德螺旋线、双曲线、抛物线等这些非圆方程 $y = f(x)$ 组成的曲线,以及一系列实验或经验数据表示的、没有表达轮廓形状的曲线方程的曲线(称为列表曲线),只能用直线或圆弧去逼近这些曲线,即将轮廓曲线按编程允许的误差分割成许多小段,再用直线或圆弧去逼近这些小段。逼近直线和圆弧小段与轮廓曲线的交点或切点称为节点。对这种轮廓进行数学处理,其实质就是计算各节点的坐标。

关于编程中的数学处理,在《典型零件数控加工》课程中已经详细介绍,在此不再赘述。

1.3.6　数控加工工艺文件的编制

编写数控加工工艺文件是数控加工工艺设计的内容之一,这些工艺文件是对数控加工的具体说明,目的是让操作者更明确加工程序的内容、装夹方式、各个加工部位所选用的刀具及其他问题。工艺文件既是数控加工和产品验收的依据,也是操作者必须遵守和执行的规程。

数控加工技术文件主要有:数控加工编程任务书、工件安装和原点设定卡、数控加工工序卡、数控刀具卡、数控加工走刀路线图、数控加工程序单等。不同的机床或不同的加工目的可能会需要不同形式的数控加工专用技术文件。文件格式各企业不尽相同,但主要内容却是必不可少的。在本课程学习中,我们将重点填写以下的工艺文件。

1. 数控加工编程任务书

数控加工编程任务书记载并说明了工艺人员对数控加工工序的技术要求、工序说明和数控加工前应保证的加工余量,是编程员与工艺人员协调工作和编制数控程序的重要依据之一,具体的内容如表 1-1 所例。

表 1-1　数控加工编程任务书

四川航天职业技术学院	数控加工编程任务书	产品图号		任务书编号	
		使用设备		共　页	第　页
主要工序说明及技术要求：					
收到编程时间			经手人		
编制		审核		编程	

编制		审核		编程		审核		批准	

2. 数控加工工序卡

　　数控加工工序卡与普通机械加工工序卡有较大区别。数控加工一般采用工序集中的方式，每一加工工序可划分为多个工步，工序卡不仅应包含每一工步的加工内容，还应包含其程序段号、所用刀具类型及材料、刀具号、刀具补偿号及切削用量等内容。它不仅是编程人员编制程序时必须遵循的基本工艺文件，同时也是指导操作人员进行数控机床操作和加工的主要资料。对于不同的数控机床，数控加工工序卡可采用不同的格式和内容。表 1-2 是数控车削加工工序卡的一种格式。

表 1-2　数控车削加工工序卡

数控车削加工工序卡		产品名称	零件名称	零件图号
工序号	程序编号	夹具名称	夹具编号	使用设备	车　间
工步号	工步内容	切削用量 主轴转速 n	进给速度 F	背吃刀量 a_p	刀　具 编　号	名　称	量　具 编　号	名　称
		(r/min)	(mm/r)	(mm)				
编制		审核		批准		年　月　日		共　页　第　页	

3. 数控加工刀具卡

　　数控加工刀具卡主要反映使用刀具的名称、编号、规格、长度和半径补偿值以及所用刀柄的型号等内容,它是调刀人员准备和调整刀具以及机床操作人员输入刀补参数的主要依据。表1-3是数控车削加工刀具卡的一种格式。

表1-3　数控车削加工刀具卡

产品名称或代号			零件名称		零件图号	
序号	刀具号	刀具名称及规格	刀片型号	加工表面	刀尖半径 (mm)	备注
编制	审核		批准		年　月　日	共　页　第　页

4. 数控加工走刀路线图

一般用数控加工走刀路线图来反映刀具进给路线,该图应准确描述刀具从起刀点开始,直到加工结束返回终点的轨迹。它不仅是程序编制的基本依据,同时也便于机床操作者了解刀具运动路线(如从哪里进刀,从哪里抬刀等),计划好夹紧位置及控制夹紧元件的高度,避免碰撞事故发生。

数控加工走刀路线图一般可用统一约定的符号来表示,不同的机床可以采用不同的图例与格式。表1-4为数控加工走刀路线图的一种格式。

表1-4 数控加工走刀路线图

四川航天职业技术学院		数控加工走刀路线图	产品型号		零件图号		共　页
			零件名称		工序名称		第　页
含　义	抬　刀	下　刀	编程原点	超刀点	走刀方向	走刀线相交	爬斜坡	铰　孔	行　切	轨迹重叠
符　号	⊙	⊗	⊕	⊶	→	⊣	⊶	⊶	⇄	⟲
工序号	程序	起始段号		毛坯尺寸		走刀号	①	②	③ ④	⑤ ⑥	⑦ ⑧	⑨ ⑩
	段号	结束段号		刀具号		所属工步				
						编制日期	审核日期	会签日期	
标记	处数	更改文件号	签字	日期	标记	处数	更改文件号	签字	日期

5. 数控加工程序单

数控加工程程序单是编程员根据工艺分析情况,经过数值计算,按照数控机床的程序格式和指令代码编制的,它是记录数控加工工艺过程、工艺参数、位移数据的清单,同时可帮助操作员正确理解加工程序的内容。数控加工程序单的格式如表1-5所列。

表 1-5　数控加工程序单

四川航天职业技术学院	数控加工程序单	产品图号		任务书编号	
		零件名称		工序号	
		使用设备		数控系统	
程序名称					
程序段号	程序段内容		注　释		备　注
编　制		审　核	试运行	会　签	批　准

1.4　数控加工与数控技术的发展趋势

数控技术的应用不但给传统制造业带来了革命性的变化,使制造业成为工业化的象征,而且随着数控技术的不断发展和应用领域的扩大,它对国计民生的一些重要行业(如航空、军工、IT、汽车、轻工、医疗等)的发展也起到越来越重要的作用。

数控技术的发展和科学技术的不断提高,不断推动着数控加工技术向更高层次发展,不断突破原有的加工技术和方法,数控加工与数控技术的发展趋势如下。

(1) 高速、高效、高精、高可靠性趋势明显。高速、高精加工技术可极大地提高效率,提高产品的质量和档次,缩短生产周期和提高市场竞争能力。为此日本高端技术研究会将其列为5大现代制造技术之一,国际生产工程学会(CIRP)将其确定为21世纪的中心研究方向之一。

(2) 五轴联动加工和复合加工机床快速发展。采用五轴联动对三维曲面零件的加工,可用刀具最佳几何形状进行切削,不仅光洁度高,而且效率也大幅度提高。一般认为,1台五轴联动机床的效率可以等于2台三轴联动机床,特别是使用立方氮化硼等超硬材料铣刀进行高速铣削淬硬钢零件时,五轴联动可比三轴联动加工发挥更高的效益。

(3) 机床产品的模块化发展更加突出。为满足用户日益增多的个性化要求,各制造厂把产品的模块化设计作为一个有效措施。在 EM02005 展会上的许多产品都呈现模块化趋势,机床的许多功能部件也已经标准化,甚至 Magerle 公司的磨削中心也是模块结构,可按具体工件的磨削工艺过程扩装相应部件,准确重构一台适用的磨床。机床的模块化昭示着可重构生产系统有了坚实基础,必将得到快速发展。

(4) 生产系统智能化是制造技术的发展方向。由于市场多变和用户个性化要求增多,很多工业产品都是多品种、小批量生产模式,即使是大批量的汽车工业,也要经常变换型号。因此,制造商为降低生产成本,对机床的柔性、自动化程度要求越来越高。

(5) 机床的配套件和工装产业发展迅速,尤其是数控转台、刀库、转塔刀架,品种齐全,各种自动检测仪器性能好,且容易集成配套,这些都因对发挥机床潜力起到了重要作用而备受关注。

(6) 绿色制造更加普及。与机床配套的环保产品很多,各类冷却润滑剂都有绿色标记,空气、油雾、烟雾等滤清装置性能改进,过滤效果更好。

本章小结

本章介绍了数控加工的基本原理,讲述了数控加工工艺的内容,以及正确制定数控加工工艺的基本原则与方法。通过本章的学习,可了解数控加工工艺的相关概念,为今后的学习与实际运用打下基础。

习　题

一、填空题

1. 切削用量包括_____、_____和进给量(或进给速度)。

2. 数控编程中的数学处理主要是计算零件轮廓或刀具中心轨迹的_____和_____。

3. CNC 系统的数据转换过程为:译码、_____、_____和 PLC 控制。

4. 手动数据输入即把程序单的内容直接通过数控系统的_____手动键入数控系统。

5. 刀具补偿包括刀具长度补偿和_____。

6. 刀具补偿作用是把零件轮廓轨迹转换成_____。

7. 所谓对刀,是确定工件在机床上的位置,也即是确定_____与机床坐标系的相互位置关系。

8. 所谓刀位点,是指编制数控加工程序时用以确定_____的基准点。

9. 走刀路线不但包括了工步的内容,也反映了工步的_____。

10. 对于加工余量较大或精度较高的薄壁件,最后一次走刀的切除量一般控制在_____ mm。

11. 数控加工时,关于背吃刀量 α_p 的选择:半精加工余量常取_____ mm;精加工余量一般比普通加工时所留出的余量小,车削和镗削加工时,常取精加工余量为_____ mm,铣削的精加工余量为_____ mm。

12. 程序编制中产生的误差主要由几何建模误差、_____和尺寸圆整误差 3 部分组成。

二、单项选择题

1. _____的任务是在一条给定起点和终点的曲线上进行"数据点密化"。

A. 译码　　　　B. 刀补处理　　　　C. 插补计算　　　　D. PLC 控制

2. _____原则即应尽可能选用设计基准作为精基准,这样可以避免由于基准不重合而引起的误差。

A. 基准重合　　B. 基准统一　　　　C. 互为基准　　　　D. 自为基准

3. 对于平头立铣刀、面铣刀类刀具,刀位点一般取为_____。

A. 刀具轴线与刀具底端面的交点　　B. 球心　　C. 刀尖　　D. 钻尖

4. 对球头铣刀,刀位点为_____。

A. 刀具轴线与刀具底端面的交点　　　B. 刀尖　　C. 球心　　D. 钻尖

5. _____走刀的特点是走刀路线短,不留死角,但在每两次进给的起点与终点间留下了残留面积;表面粗糙度变差。

A. 行切法　　　　B. 环切法　　　　C. 综合法　　　　D. 钻尖

三、判断题

1. (　　　　)零件结构设计时,内腔和外形尽可能地采用统一的几何类型和尺寸,这样可以减少刀具的规格和换刀次数,有利于编程和提高生产率。

2. (　　　　)在选用数控机床时,应尽量选用高精度的机床,机床精度越高越好。

3. (　　　　)生命周期较长且批量大的产品特别适合选用数控机床。

4. (　　　　)由于内槽圆角的大小决定了刀具直径的大小,因此在铣削型腔时,内槽圆角不应过小。

5. (　　　　)为了便于采用工序集中原则,避免因工件重复定位和基准变换所引起的定位误差以及生产率的降低,一般都采用统一基准的原则定位。

6. (　　　　)粗基准一般可使用多次。

7. (　　　　)选作粗基准的表面应尽量平整光洁,不应有飞边、浇冒口等缺陷。

8. (　　　　)对箱体类零件,为提高孔的位置精度,应先加工孔,后加工面。

9. (　　　　)在安排"回零"路线时,尽可能使前一刀终点与后一刀起点重合,以达到走刀路线为最短的要求。

10. (　　　　)在数控铣床上安排走刀路线时,要尽量避免交接处的重复加工,减少接刀痕迹。

11. (　　　　)最终加工一般应多次走刀分段加工。

12. (　　　　)半精加工和精加工时,一般以提高生产率为主,应尽量选取较大的背吃刀量 a_p 和进给量 f,但不宜选取较高的切削速度 v_c。

13. (　　　　)粗加工时,一般应选取较小的背吃刀量 a_p 和进给量 f,以及尽可能高的切削速度 v_c。

14. (　　　　)空行程运动,特别是远距离"回零"时,可以设定尽量高的进给速度。

15. (　　　　)数控加工完全可以采用普通机械加工工序卡。

四、简答题

1. 数控系统加工的原理是什么? 数控加工过程分为哪些阶段?

2. 与普通加工工艺相比,数控加工工艺具有哪些特点?

3. 数控加工过程包括哪些内容?

4. 选择粗基准与精基准时应遵循哪些原则?

5. 在安排数控加工顺序时应遵循哪些原则?

6. 选择对刀点的原则是什么?

7. 确定数控加工走刀路线的原则是什么?

8. 程序编制中产生的误差主要由哪些部分组成?

9. 简述 CNC 系统数据转换的过程。

10. 列举 4 种常用的数控加工工艺文件。

第 2 章　数控加工刀具

【学习目标】
① 了解数控加工刀具的特点及分类。
② 掌握数控加工刀具的材料种类及选用原则。
③ 掌握数控车削加工刀具及刀片的类型与选用。
④ 掌握数控铣削加工刀具的类型与选用。
⑤ 了解数控加工工具系统。
⑥ 了解数控加工切削液的选用。

2.1　数控刀具特点种类

与普通机床相比,数控机床功率大、转速高、进给快,具有更大、更强的加工能力。近年来,数控机床的制造及使用取得了长足的发展,加工精度、加工效率都有了很大的提高,在编制工艺时,要求加工工序尽量集中,零件装夹次数尽量减少,为此,数控加工对所使用的刀具在性能上有较高的要求,只有达到这些要求才能使数控机床的效率得到真正的发挥。

2.1.1　数控刀具应具有的性能

1. 数控刀具应能承受很高的切削速度

由于数控机床价格昂贵,必须尽量提高加工效率才能降低生产成本,故数控机床均向高速、高刚度和大功率的方向发展。车床和车削中心的主轴转速都在 6 000 r/min 以上,高速加工中心的主轴转速一般在 15 000~20 000 r/min,有的甚至高达 60 000 r/min。由此折算,加工中的切削速度为 600~1 000 m/min。因此,数控加工刀具必须具有能够承受高速切削和强力切削的性能,刀具切削效率的提高将使产量提高并明显降低成本。

2. 数控刀具应具有高的定位精度及重复定位精度

高精度的数控机床的加工精度可以达到 3~5 μm,因此刀具的精度、刚度和重复定位精度必须和高的加工精度相适应。另外,刀具的刀柄与快换夹头间或机床锥孔间的连接部分须有高的制造、定位精度。

3. 数控刀具应具有很高的可靠性和耐用度

数控加工中,为了保证产品质量,对于数控刀具,由数控系统对刀具寿命进行管理或实行强迫换刀,所以,刀具工作的可靠性已经上升为选择刀具的关键指标。数控刀具为满足数控加工及对难加工材料的加工要求,刀具材料应有很高的切削性能和刀具耐用度,不但切削性能要好,而且切削性能一定要稳定。同样的刀具在切削性能和刀具寿命方面不能有较大差异,以免在无人看管的情况下,因刀具先期磨损和破损造成加工工件批量报废,甚至损坏价值昂贵的数控机床。

4. 数控刀具应能实现尺寸预调和快速换刀

刀具结构应能预调尺寸,以便能达到很高的重复定位精度。对于有刀库的加工中心,则必须能实现自动换刀。

5. 数控刀具应为比较完善的工具系统

模块式的工具系统能更好地适应多种产品的生产,且利于工具的生产、使用和管理,能有效地减少工厂的工具储备,提高加工效率,降低生产成本。

6. 数控刀具应具有刀具在线监控及尺寸补偿系统

刀具在线监控及尺寸补偿系统能在刀具损坏时及时判断、识别并补偿,防止工件出现废品、设备损坏等意外事故发生。

2.1.2 数控刀具与传统刀具的区别

因现代切削加工朝着高速、高精度和强力切削方向发展,导致现代切削刀具有悖于传统的刀具。我们所说的数控刀具,特指与数控车床、加工中心等先进高效的数控机床配套使用的整体合金刀具、超硬刀具、可转位刀片和工具系统等,以其高效精密和良好的综合切削性能 取代了传统的刀具。其性能直接影响了数控加工的生产效率和加工质量,也直接影响国家机械制造工业的生产水平和经济效益。数控刀具与传统刀具的区别见表2-1。

表2-1 数控刀具与传统刀具的区别

序 号	项 目	传统刀具	数控刀具
1	刀具材料	普通工具钢、高速钢、焊接合金	硬质合金、陶瓷、CBN、PCD、粉末冶金高速钢、超硬材料＋涂层
2	刀具硬度	高速钢:HRC60左右	HRA90以上
3	被加工零件硬度	＜HRC28	车削、铣削均可加工淬硬钢,HRC60以上
4	切削速度	V_c＜30 m/min	涂层刀片:$V_c$max＜380 m/min; CBN刀片:$V_c$max＝1 000～2 000m/min; 加工铝合金:$V_c$max＝5 000 m/min
5	刀具制造精度	0.01 mm级	1 μm级
6	刀具消耗费用和金属切除量	高速钢刀具占刀具费用的65%,切除的切屑占总切屑量的30%左右	可转位刀具、合金级超硬刀具占刀具费用的34%,切除的切屑占总切屑量的70%左右
7	刀具制造技术	一般机械加工,热处理,专用工艺及工装	精密机械制造,粉末冶金,力学,纳米技术,涂层技术
8	刀具制造设备	专机,刚性生产	刀片压制级烧结设备,数控工具磨床,高精度加工中心,流水线专机
9	国内产业状况	夕阳产业,制造成本高,劳动生产率低,市场份额递减	朝阳产业,技术开发等级高,市场占有份额每年都在大幅度提升

2.1.3　数控刀具的特点

为了能够实现数控机床上刀具高效、多能、快换和经济的要求,数控刀具应具备以下特点。

(1) 刀片和刀具的几何参数和切削参数规范化、典型化。

(2) 刀片或刀具材料及切削参数与被加工材料相匹配。

(3) 刀片或刀具的耐用度级及经济寿命指标固定化及合理化。

(4) 刀片及刀柄对机床主轴匹配精度高。

(5) 刀柄强度、刚性及耐磨性高。

(6) 刀片及刀柄应有高度的通用化、规则化和系列化。

(7) 整个数控工具系统自动换刀系统的优化。

2.1.4　数控刀具的种类

数控刀具通常是指数控机床所使用的刀具,在国外发展很快,品种很多,已形成系列。在我国,对于数控刀具的研究开发起步较晚,数控刀具成为我国机械制造业(特别是工具行业)中最薄弱的一个环节。数控刀具的落后已经成为影响我国现有数控机床(国产及进口)发挥作用的最主要的障碍。

数控刀具的分类方法有很多:按刀具切削部分材料可分为高速钢、硬质合金、陶瓷、立方氮化硼和金刚石等刀具(详见第 2.2 节);按刀具结构形式可分为整体式、焊接式、机夹可转位式,因机夹可转位式刀具具有换刀片速度快、重复定位精度高的特点,故数控机床广泛采用此类刀具;按所使用机床类型和被加工表面特征可分为(见图 2-1)车刀(详见第 2.3 节)、铣刀(详见第 2.4 节)和孔加工刀具(详见第 2.5 节)。

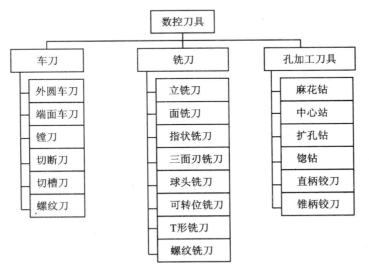

图 2-1　数控刀具分类(按机床类型分)

2.2 数控刀具材料

2.2.1 刀具材料应具备的基本性能

刀具材料是指刀具切削部分的材料。金属切削是,刀具切削部分直接和工件及切屑相接触,承受着很大的冲击和切削力,并受到工件及切屑的巨大摩擦,承受很高的切削温度。总的来说,刀具的切削部分是在高温、高压、高冲击及高摩擦的恶劣工作条件下工作的,所以刀具材料应具备以下基本性能。

(1)高硬度。刀具材料的硬度必须高于被加工材料的硬度,否则,在切削条件下,刀具首先被磨损,失去切削性能。目前,常用的数控加工刀具材料(以硬质合金为例)的硬度为HRA90左右。

(2)足够的强度和韧性。在切削时,刀具材料要承受很大的切削力和冲击,因此,刀具材料必须具有足够的强度和韧性,它们反映了刀具材料抵抗脆性断裂和崩刃的能力。

(3)高耐磨性和耐热性。刀具材料的耐磨性是指抵抗磨损的能力。一般来说,刀具材料硬度越高,耐磨性越好。此外,刀具材料的耐磨性还和金相组织中的化学成分,硬质点的颗粒大小、数量和分布情况有关。金相组织中,硬质点越多、颗粒越细、分布越均匀,其耐磨性就越高。刀具材料的耐热性是指它在高温下保持较高硬度的性能,又称红硬性。高温硬度越高,表示材料耐热性越好,刀具材料在高温时抵抗塑性变形的能力、耐磨损的能力越强。红硬性差的材料在高温下硬度显著下降,从而丧失切削能力。

(4)良好的导热性。导热性好的材料能将切削时产生的高热量传导出去,从而降低切削部分的温度,减轻刀具磨损,这一性能在加工导热性差的材料时显得尤为重要。

(5)良好的化学稳定性和抗粘接性。在高温情况下,刀具材料应保持稳定,不与周围介质发生化学反应,并且能防止刀具材料和工件材料在分子性质类似时,在高温高压的作用下相互吸附,产生粘接,从而降低切削性能。

(6)良好的工艺性和经济性。

2.2.2 刀具材料的种类

目前,金属切削加工中应用的刀具材料中碳素工具钢已经基本被淘汰,合金工具钢也很少使用,所使用的刀具材料主要为高速钢、硬质合金、陶瓷、立方氮化硼和聚晶金刚石5类,其主要性能见表2-2。目前,数控加工刀具用得最普遍的材料是硬质合金。

表 2-2 常用刀具材料的力学性能

材料种类		硬 度	抗弯强度(GPa)	耐热性(℃)
高速钢(HSS)		HRC 62~70	2~4.5	600~700
硬质合金	钨钴类	HRA 89~91.5	1~2.35	800
	钨钛钴类	HRA 89~92.5	0.8~1.8	900
	通用合金	HRA~92.5	~1.5	1 000~1 100
	TiC基合金	HRA 92~93.5	1.15~1.35	1 100

续表 2 - 2

	材料种类	硬　度	抗弯强度(GPa)	耐热性(℃)
陶瓷	氧化铝陶瓷	HRA 91～95	0.4～0.7	1 200
	氧化物碳化物陶瓷	HRA 91～95	0.7～0.9	1 100
	氮化硅陶瓷	HV 2 200	0.7～0.8	1 300
超硬	立方氮化硼	HV 4 500	～0.3	1 300～1 500
材料	聚晶金刚石	HV＞9 000	0.2～0.5	700～800

1. 高速钢(High Speed Steel,HSS)

高速钢是一种含钨(W)、钼(Mo)、铬(Cr)、钒(V)等合金元素较多的工具钢,它具有较好的力学性能和良好的工艺性能,可以承受较大的切削力和冲击,特别适合制造各种小型结构和形状复杂的刀具。高速钢的品种繁多,按切削性能可分为普通高速钢和高性能高速钢;按化学性能可分为钨系、钨钼系和钼系高速钢;按制造工艺可分为熔炼高速钢和粉末冶金高速钢。

(1)钨系高速钢:典型钢种为W18Cr4V(简称W18),原是我国常用的一种高速钢。其优点是磨削性能好,刃口平直且锋利,通用性强,综合性能好,热处理工艺性好。其缺点是碳化物分布不均匀,热塑性能较差,不适合做热轧刀具,并且随着市场钨的价格不断攀升,W18已逐渐被其他钢种所取代。

(2)钨钼系高速钢:典型种类为W6Mo5Cr4V2(简称M2)。与W18相比,M2中钨的含量降低,且增加了钼,碳化物分布趋于均匀,细化了晶粒,使得抗弯强度、冲击韧性明显提高;但是,M2的红硬性比W18差,高温切削性能差,热处理工艺也比W18差。

(3)高碳高速钢:典型钢种为9W8Cr4V(简称9W18)和W6Mo5Cr4V2(简称CM2),常温硬度可达HRC 66～68,600℃时的硬度提高到HRC 51～52。但钢中含碳量的增加使淬火残余奥氏体增多,同时韧性降低,不能承受大的冲击。

(4)钴高速钢:典型钢种为W2Mo9Cr4VCo8(美国牌号M42)。其特点是在高速钢中加入钴,提高了钢的热稳定性、常温和高温硬度及抗氧化能力,从而改善了高速钢的导热性,降低摩擦系数,从而提高切削速度。其适合于制造加工高温合金、钴合金及其他难加工材料的高速钢刀具。

(5)粉末冶金高速钢:采用粉末冶金方法(雾化粉末在热态下进行等静压处理)制得致密的钢坯,再经锻、轧等热变形而得到的高速钢型材。粉末冶金高速钢组织均匀、晶粒细小,消除了熔铸高速钢难以避免的偏析,因而比相同成分的熔铸高速钢具有更高的韧性和耐磨性,同时还具有热处理变形小、锻轧性能和磨削性能良好等优点。粉末高速钢中的碳化物含量大大超过熔铸高速钢的允许范围,使硬度提高到HRC67以上,从而使耐磨性能得到进一步提高。粉末冶金高速钢的价格虽然高于相同成分的熔铸高速钢,但由于性能优越、使用寿命长,用来制造昂贵的多刃刀具(如拉刀、齿轮滚刀、铣刀等)仍具有显著的经济效益。

2. 硬质合金(Cemented Carbide)

硬质合金是以高硬度难熔金属的碳化物(WC、TiC)微米级粉末为主要成分,以钴(Co)或镍(Ni)、钼(Mo)为粘结剂,在真空炉或氢气还原炉中烧结而成的粉末冶金制品。硬质合金具有硬度高、耐磨、强度和韧性较好、耐热、耐腐蚀等一系列优良性能,特别是它的高硬度、耐磨性和红硬性,其切削效率是高速钢的5～10倍,是目前数控刀具的主要材料。

1）硬质合金的分类及表示

目前我国生产的硬质合金按化学成分的不同分为 3 类：钨钴类（YG）、钨钛钴类（YT）和钨钛钽（铌）类（YW），另外还有碳化钛基类（YN）的硬质合金（又称金属陶瓷）。

（1）钨钴类硬质合金 。其主要成分是碳化钨（WC）和粘结剂钴（Co）。在 ISO 牌号中，钨钴类硬质合金属于 K 类（用红色表示），我国的牌号是用"YG"（"硬"、"钴"两字汉语拼音字首）和平均含钴量的百分数组成，数字越大表示材料硬度越高。例如，YG8 表示平均 WC＝8％，其余为碳化钨的钨钴类硬质合金。钨钴类硬质合金主要用于切削铸铁、有色金属及其合金及其非金属材料等。

（2）钨钛钴类硬质合金 。其主要成分是碳化钨、碳化钛（TiC）及钴。在 ISO 牌号中，钨钛钴类硬质合金属于 P 类（用蓝色表示），我国的牌号是用"YT"（"硬"、"钛"两字汉语拼音字首）和碳化钛平均含量组成，数字越大表示材料强度越高。例如，YT15 表示平均 TiC＝15％，其余为碳化钨和钴含量的钨钛钴类硬质合金。钨钛钴类硬质合金主要用于切削碳钢、合金钢等长切屑金属材料。

（3）钨钛钽（铌）类硬质合金 。其主要成分是碳化钨、碳化钛、碳化钽（或碳化铌）及钴。这类硬质合金又称通用硬质合金或万能硬质合金。在 ISO 牌号中，属于 M 类（用黄色表示，新的 ISO 标准已取消此分类），我国的牌号是用"YW"（"硬"、"万"两字汉语拼音字首）加顺序号组成，如 YW1。

在国际标准（ISO）中通常又分别在 K、P、M 三种代号之后附加 01、05、10、20、30、40、50 等数字作更进一步细分。一般来讲，数字越小硬度越高，但韧性越低；而数字越大，则韧性越高，但硬度越低。表 2-3 列出了我国目前较为常用的硬质合金牌号的加工情况及其相对应的 ISO 标准下硬质合金的牌号，供大家参考。

表 2-3 我国常用硬质合金牌号性能、应用推荐及牌号对照

合金牌号	密度（g/cm²）	抗弯强度（MPa）	硬度HRA	推荐用途	相当于ISO
YG3X	14.6～15.2	1 320	92	适于铸铁、有色金属及合金淬火钢、合金钢小切削断面高速精加工	K01
YG6A	14.6～15.0	1 370	91.5	适于硬铸铁、有色金属及其合金的半精加工，亦适于高锰钢、淬火钢、合金钢的半精加工及精加工	K05
YG6X	14.6～15.0	1 420	91	经生产使用证明，该合金加工冷硬合金铸铁与耐热合金钢可获得良好的效果，也适于普通铸铁的精加工	K10
YG6	14.5～14.9	1 380	89	适于用铸铁、有色金属及合金非金属材料中等切削速度下半精加工	K20
YG6X-1	14.6～15.0	1 500	90	适于铸铁、有色金属及其合金非金属材料连续切削时的精车，间断切削时的半精车、精车、小断面精车、粗车螺纹、连续断面的半精铣与精铣、孔的粗扩与精扩	K20
YG8N	14.5～14.8	2 000	90	适于铸铁、白口铸铁、球墨铸铁以及铬、镍不锈钢等合金材料的高速切削	K30

续表 2 - 3

合金牌号	密度(g/cm²)	抗弯强度(MPa)	硬度HRA	推荐用途	相当于ISO
YG8	14.5～14.9	1 600	89.5	适于铸铁、有色金属及其合金与非金属材料加工中的不平整面和间断切削时的粗车、粗刨、粗铣,以及一般孔和深孔的钻孔、扩孔	K30
YG10X	14.3～14.7	2 200	89.5	适于制造细径微钻、立铣刀、旋转锉刀等	K35
YG15	13.9～14.2	2 100	87	适于高压缩率下钢棒和钢管的拉伸,在较大应力下工作的顶锻、穿孔及冲压工具	
YT15	11.0～11.7	1 150	91	适用于碳素钢与合金钢加工中连续切削时的粗车、半精车及精车,间断切削时的小断面精车,连续面的半精铣与精铣,孔的粗扩与精扩	P10
YT14	11.2～12.0	1 270	90.5	适于在碳素钢与合金钢加工中不平整断面和连续切削时的粗车,间断切削时的半精车与精车,连续断面粗铣,铸孔的扩钻与粗扩	P20
YT5	12.5～13.2	1 430	89.5	适于碳素钢与合金钢(包括钢锻件、冲压件及铸件的表皮)加工不平整断面与间断切削时的粗车、粗刨、半精刨,非连续面的粗铣及钻孔	P30
YW1	12.6～13.5	1 180	91.5	适于耐热钢、高锰钢、不锈钢等难加工钢材及普通钢和铸铁的加工	M10
YW2	12.4～13.5	1 350	90.5	适于耐热钢、高锰钢、不锈钢及高级合金钢等特殊难加工钢材的精加工、半精加工,普通钢材和铸铁的加工	M20
YS30	12.45	1 800	91.0	属超细颗粒合金,适于大走刀、高效率铣削各种钢材,尤其是合金钢的铣削	P25 P30
YS25	12.8～13.2	2 000	91.0	适应于碳素钢、铸钢、高锰钢、高强度钢及合金钢的粗车、铣削和刨削	M20、M30 P20、P40
YS2T	14.4～14.6	2 200	91.5	属超细颗粒合金,适于低速粗车、铣削耐热合金及钛合金,作切断刀及丝锥、锯片铣刀尤佳	K30 M30
YW3	12.7～13.3	1 300	92	适于合金钢、高强度钢、低合金、超强度钢的精加工和半精加工,亦可在冲击力小的情况下精加工	M10 M20

2)新型硬质合金

超细晶粒硬质合金:普通硬质合金中 WC 的粒度为几微米,一般细晶粒硬质合金的 WC 粒度为 1.5 μm,而超细晶粒硬质合金的 WC 粒度为 0.2～1 μm,其 Co 的含量为 9%～15%。超细晶粒硬质合金具有抗弯强度和冲击韧度高、抗热冲击性能好、切削速度高等优点。

3)硬质合金涂层

涂层是指采用化学气相沉积(CVD)或物理气相沉积(PVD)的方法,在普通硬质合金刀片表面涂覆一层或多层(5～12 μm)高耐磨性的难溶金属化合物(见图 2-2),能较好地解决材料硬度、耐磨性与强度、韧性之间的矛盾。

涂层刀片的镀膜可以防止切屑和刀具直接接触,减小摩擦,降低机械应力,从而提高刀具寿命,缩短切削时间,降低成本,提高加工精度。常用的涂层材料有 TiC、TiN、TiCN 和 Al_2O_3 等。

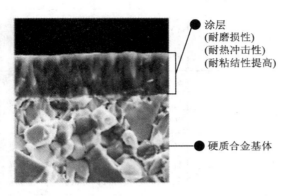

涂层
(耐磨损性)
(耐热冲击性)
(耐粘结性提高)

硬质合金基体

图 2-2　硬质合金涂层

3. 陶瓷刀具材料(Ceramics)

常用的陶瓷刀具材料是以氧化铝(Al_2O_3)和氮化硅(Si_3N_4)为基体成分在高温下烧结而成的。其硬度可达 HRA91~95,耐磨性比硬质合金显著提高,在高温下切削性能无明显改变,在 540 ℃时其硬度仍为 HRA90,1 200 ℃时其硬度仍可达 HRA80 左右;切削速度比硬质合金高 2~10 倍;具有良好的抗粘接性能,和金属的亲和力小;化学性能稳定,抗氧化能力强。陶瓷刀具最大的缺点是脆性大,抗弯强度和冲击韧性低,导热性差。

4. 超硬刀具材料

超硬刀具材料是立方氮化硼(CBN)和聚晶金刚石(PCD)的统称,用于加工硬脆材料,难加工材料以及超精加工。它们可以加工几乎任何硬度的工件材料,对于硬度高达 HRC70 左右的工具钢都具有很好的切削性能,切削速度比硬质合金刀具高 10~20 倍,且切削热较少,切削温度较低。加工超硬材料、难加工材料时,工件表面质量好,粗糙度值小,对于某些材料的加工而言,可取代磨削加工。表 2-4 列出了加工一些难加工材料时常用的超硬刀具材料。

表 2-4　加工难加工材料的刀具材料推荐表

难加工材料 种　类	代表材料	推荐刀具 材　料	与硬质合金刀具 材料的比较	备　　注
耐磨非金属 材料	玻璃钢、石墨、碳纤维、陶瓷、尼龙、树脂等	聚晶金刚石(PCD)	耐用度提高上 百倍	加工有些材料时可采用 CBN 刀具
耐磨有色 金属	轴承合金、青铜	PCD、 CBN	耐用度提高上 百倍	材料硬度低,且表面要求不 高时优先使用 CBN
耐磨黑色 金属	各种铸铁	CBN、 陶瓷	耐用度提高几到 十倍	不能使用 PCD 刀具
化学活性 材料	钛合金、镍合金、钴及钴 合金	CBN	耐用度提高几到 十倍	不能使用 PCD 刀具,不能 使用硬质合金刀具

表 2 - 4

难加工材料种类	代表材料	推荐刀具材料	与硬质合金刀具材料的比较	备　注
高硬度、高强度材料	淬火工模具钢（HRC＞60,强度＞1.5 GPa）	CBN、陶瓷	耐用度提高 50 倍	切削速度可达 2.5 m/s 以上
高温、高强度材料	不锈钢、高温合金	CBN	切削速度提高 1 到几倍	有些材料可用新牌号硬质合金刀具加工

（1）立方氮化硼（Cubic Boron Nitride,CBN）。

CBN 具有很高的硬度及耐磨性,硬度仅次于金刚石,其热稳定性比金刚石高 1 倍;可用于高速切削高温合金,切削速度比硬质合金高 3～5 倍;化学稳定性好,适用于加工铁系材料(钢,铸铁等);导热性比金刚石略低,但好于其他材料;抗弯强度和断裂韧性介于硬质合金和陶瓷之间。目前,CBN 刀具在数控加工中的份额在逐渐提高。

（2）聚晶金刚石（Poly Crystalline Diamond,PCD）。

用于切削刀具的金刚石有天然及人造两类,除少数超精磨加工及特殊用途外,一般使用人造聚晶金刚石作为刀具及磨具材料。金刚石是目前自然界硬度最高的材料,其硬度比硬质合金及陶瓷高几倍。金刚石刀具的导热性很高,切削刃可以刃磨得非常锋利,刀具表面摩擦系数低,可以在只有纳米级余量下稳定切削,获得极低的表面粗糙度,因而可取代磨削进行镜面加工。但人造金刚石脆性大,抗冲击性能差,对振动较敏感,故一般仅用于车削加工,且要求机床精度高、稳定性好、加工工件余量均匀。

金刚石刀具主要用于高速精细车削或镗削各种有色金属及其合金,也用于加工钛合金、金、银、铂等贵金属。对于各种非金属材料的加工效果也很好。金刚石刀具超精密加工常用于加工各种光学零件,如摄像机和照相机的精密零件、计算机磁盘等。

由于金刚石刀具的耐热性较差,且与铁元素有较强的亲和力,因此金刚石刀具一般不适用于铁系金属加工。

2.2.3　刀具材料选用的基本原则

通过对各种刀具材料的性能、特点和适用范围的了解,结合金属切削的基本规律,选取合理的刀具材料及牌号,才能高效、高质量、低成本的获得所需要的产品。在选择刀具材料时,必须了解刀具材料的切削性能,被加工材料的加工性能、加工条件等因素,同时还需兼顾一定的经济性。在选择刀具材料时通常遵循以下原则。

（1）加工普通材料时,一般选用高速钢或硬质合金;加工难加工材料时可选用高性能的硬质合金或陶瓷;只有在加工高硬材料或精密加工中其他刀具材料不能满足精度要求时,才选用 PCD 或 CBN 刀具。

（2）任何刀具材料在硬度、耐磨性和强度、韧性之间都是有矛盾的(如图 2 - 3 所示)。在选择刀具材料及牌号时,因根据被加工材料的切削加工性及加工条件,先考虑耐磨性,因强度问题导致的崩刃尽可能通过选择合理的刀具几何参数解决。如果刀具材料确实脆性太大而无法满足,才考虑降低耐磨性要求。

（3）一般情况下,粗加工低速切削时,加工余量不均匀,切削过程不平稳,应选用强度和韧

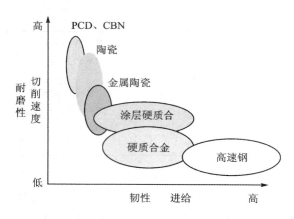

图 2-3　刀具材料与切削参数的关系

性较好的刀具材料牌号;高速切削时,切削温度对刀具的磨损影响最大,且要求尺寸精度较高、尺寸一致性较高、此时应选用耐磨性好的刀具材料牌号。

(4) 在选择刀具的切削参数时,数控加工用机夹刀具生产厂商都给出了切削参数推荐值(见表 2.5 所示,节选自 SANDVIC 的刀片切削速度推荐值)。在数控加工时,与普通加工不同,生产时间已成为经济性的首要因素,为了保证加工效率,通常应选取较高的切削速度,再选择相应的进给量和背吃刀量。

表 2-5　SANDVIK 刀片($k_r = 90°\sim95°$)车削速度推荐值(部分)

被加工材料		布氏硬度 HBS	涂层硬质合金								
			GC1525			GC4025			GC4035		
			进给量 f(mm/r)			进给量 f(mm/r)			进给量 f(mm/r)		
			0.1	0.4	0.8	0.1	0.4	0.8	0.1	0.4	0.8
			切削速度 V_c(m/min)								
低碳钢	C<0.2%	125	540	390	285	485	330	230	405	260	190
中碳钢	C=0.2~0.6%	150	485	350	255	430	290	205	365	235	170
高碳钢	C>0.6%	170	460	330	240	405	275	195	345	220	160
低合金钢 (合金元素 <5%)	非淬硬	180	530	355	245	435	290	205	285	175	130
	轴承钢	210	460	305	215	380	255	180	250	155	110
	调质	275	285	200	150	285	200	155	175	115	80
	高调质	350	230	160	120	230	160	125	140	90	65
高合金钢 (合金>5%)	退火	200	385	255	190	285	195	145	225	145	100
	淬硬	325	190	120	90	130	90	70	105	65	45

2.3　数控车削刀具

车削加工是机械加工中最常用的加工方法,数控车床也是数控加工中使用最多的机床。数控车刀是指数控车床上所使用的各种刀具的统称,用于加工外圆、内孔、端面、螺纹和切槽等。如 2.1 节所述,数控车刀按其功能划分为外圆车刀、镗刀、切断(槽)刀和螺纹刀。

目前,为了提高加工效率,数控车床上大多使用系列化、标准化的刀具——机夹可转位车刀。机夹可转位车刀是通过夹紧机构(如 2.3 节所述)将刀垫、刀片与刀柄相连接而构成的。车刀的前、后角是靠刀片在刀柄上安装得到的。当一条切削刃用钝后可迅速转换成另一条切削刃,提高了生产效率,降低了生产成本。

本节主要介绍数控加工常用的机夹可转位数控车刀的类型、性质及其选择方法。

2.3.1　外圆车刀

如图 2-4 所示,数控外圆车刀主要完成各种类型的外圆表面的切削工作,根据刀具结构、刀具角度、尺寸和功能等的不同,按 ISO 编码规则将机夹可转位外圆车刀进行了编号,共由 10 个部分组成,如图 2-5 所示。

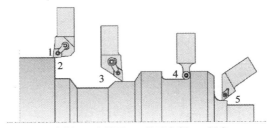

1-车削；2-车端面；3-仿形车削；4-插车；
5-小直径和细长轴零件的外圆车削

2-4　机夹可转位外圆车刀

1. 刀片压紧方式

可转位车刀的特点体现在通过刀片转位更换切削刃以及所有切削刃用钝后更换刀片,为此刀片的夹紧必须满足如下要求。

(1)定位精度及重复定位精度高。

(2)刀片夹紧可靠,夹紧力应使刀片紧贴定位面,且能承受一定的载荷与冲击。

(3)排屑顺畅,刀片前刀面上最好没有障碍。

(4)使用方便,转换刀刃及更换刀片动作简单、迅速。

(5)一定的经济性。

常用的刀片夹紧形式如下。

(1)压板压紧式(C)。如图 2-6 所示,压板压紧式的优点是结构比较简单,夹紧力可靠,刀片形状简单。其缺点是刀片定位精度不够高,螺钉压板阻挡了排屑的路线,排屑不顺畅。此类型压紧方式常用于陶瓷、CBN 等刀具材料。

(2)复合压紧式(M)。如图 2-7 所示,复合压紧式采用偏心销和压板两种压紧方式复合压紧刀片,刀片定位准确,夹紧可靠,能承受较大的切削负荷和冲击。其缺点是压板阻挡了排屑的路线,排屑不顺畅,因定位面为底面和侧面,故要求刀片为 0°后角,且要求刀片具有中心孔。此类型通常适用于重负荷的断续切削。

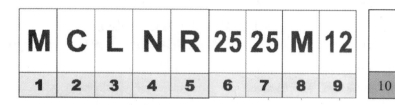

M	C	L	N	R	25	25	M	12	
1	2	3	4	5	6	7	8	9	10

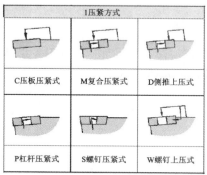

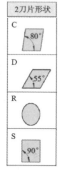

1压紧方式			2刀片形状	3刀具形式与主偏角

C压板压紧式　M复合压紧式　D侧推上压式

P杠杆压紧式　S螺钉压紧式　W螺钉上压式

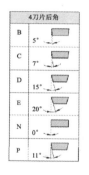

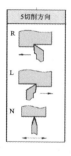

8刀具长度

代号	长度
E	70
F	80
H	100
K	125
M	150
P	170
Q	180
R	200
S	250
T	300

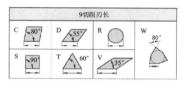

10 制造商根据需要添加

2-5　机夹可转位外圆车刀 ISO 编码

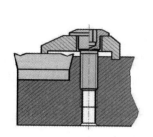

图 2-6　压板压紧式结构

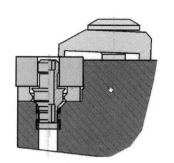

图 2-7　复合压紧式结构

（3）杠杆压紧式（P）。如图 2-8 所示，杠杆压紧式结构采用螺钉带动杠杆使刀片紧贴刀垫和侧面两个定位面，此方式刀片定位准确，重复定位精度高，刀片拆装容易，排屑顺畅。其缺点是结构比较复杂,夹紧力不高,不能承受重载和冲击。此类型常用于外圆表面的精加工。

（4）螺钉压紧式(S)。如图 2-9 所示,螺钉压紧式结构采用锥头螺钉直接压紧刀片,其结构简单,配件少,排屑顺畅。其缺点是定位精度不高,夹紧力不大,刀片拆装时间较长。此类型适用于轻载荷的加工场合。

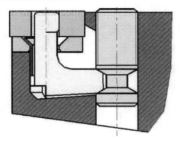

图 2-8　杠杆压紧式结构

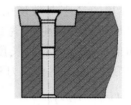

图 2-9　螺钉压紧式结构

2. 刀片形状

刀片的形状决定了刀片的强度以及适用范围,如图 2-10 所示,图中从左至右,刀尖角从圆角到 35°,其刀尖角减小,刀尖强度变低,承载能力变低,但通用性提高,切削振动降低。故粗加工宜选刀尖角大的刀片,精加工在保证强度的情况下,可选择适当的刀尖角。

3. 刀具形式与主偏角

刀具主偏角的选择应按照金属切削刀具中所介绍的刀具角度选择原则来选取,但在选择可转位外圆车刀的形式与主、副偏角时,还应考虑所加工轮廓的形状,如在车削阶梯轴时,刀具

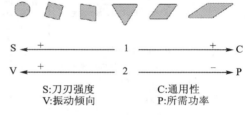

S:刀刃强度　　　　　　C:通用性
V:振动倾向　　　　　　P:所需功率

图 2-10　刀片形状的选择

的主偏角 K_r 应大于 90°;在车削复杂轮廓时,需要确保刀具主后刀面和副后刀面不能与工件已加工表面发生干涉,否则会损坏已加工表面,无法得到需要的轮廓。

4. 刀片后角

刀片后角常用的有 0°（无后角）、7°、11°等。可转位车刀刀具的前角是刀片安装好以后形成的,故选择刀片的后角和刀柄的搭配就确定了刀具的前角。

负前角外圆车刀通常采用无后角刀片,刀片强度较高,可承受重载和冲击,且刀片可双面使用,切削刃增加了一倍,降低了刀片的成本。

正前角外圆车刀采用有后角的刀片,根据切削材料与条件的不同,选择不同后角的刀片与刀杆,可选择多种角度的主偏角。通常用于轻切削（精加工）、有色金属的半精与精加工。

5. 切削方向

因工件的加工方式不同而采用不同的切削方向,如图 2-5 所示,一般可区分为下述 3 种(1) 右手数控车刀(R):由右向左,车削工件外径。

（2）左手数控车刀(L):由左向右,车削工件外径。

（3）中置型数控车刀:刀刃为圆弧形或尖形(对称形),可以左右方向车削,适合圆角或曲面的车削。

6．刀尖高度、刀体宽度和刀具长度

刀尖高度、刀体宽度、刀具长度根据数控车床的型号、车床刀架的尺寸要求确定。

7．切削刃长度

刀片的形状、刀柄的主偏角以及切削的背吃刀量决定了切削时切削刃的工作长度（见图 2 - 11），切削刃的工作长度决定了切削刀片的最小有效切削刃长度。在苛刻的工作条件下，为获得足够的可靠性，应考虑使用尺寸较大、较厚的刀片。通常，如果切削刃的有效长度小于切削深度，则应该选择较大的刀片或降低切屑背吃刀量。

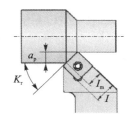

图 2 - 11　切削刃的工作长度

2.3.2　内孔车刀

机夹可转位内孔车刀（镗刀）的 ISO 编码如图 2 - 12 所示。其中，螺钉压紧式车刀结构简单，配件少，排屑顺畅。一般采用有后角的刀片，后刀面与内孔已加工表面摩擦小，用于轻载切屑加工。

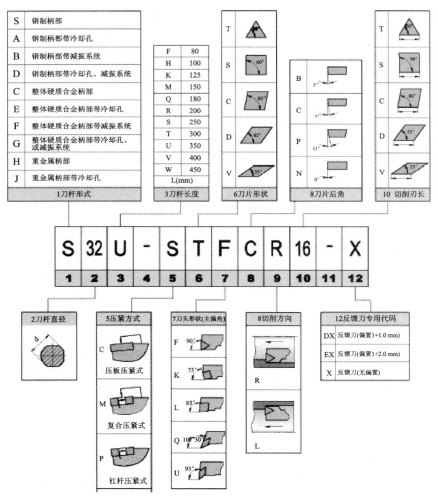

图 2 - 12　机夹可转位内孔车刀（镗刀）的 ISO 编码

机夹可转位内孔车刀的选择方法与原则与外圆车刀相类似,这里就不赘述了。

2.3.3　螺纹车刀

目前,机夹可转位螺纹车刀还没有统一的 ISO 代码,但各刀具制造商的编码方法大致相似,且符合 ISO 的编码方法,主要包括刀片压紧方式、螺纹形式、切削方式和刀具长度等,如图2-13 所示。

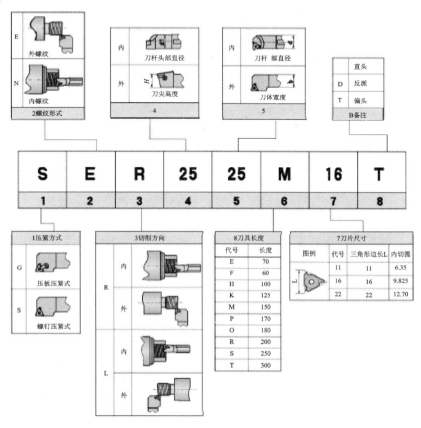

图 2-13　螺纹车刀编码

车刀的选择一般遵循以下原则。

(1) 根据螺纹旋向和加工方式确定刀杆,如图 2-14 所示。

(2) 选择合适的螺纹刀片。螺纹刀片可分为定螺距(全牙型)刀片和泛螺距刀片,如图 2-15所示。泛螺距刀片可加工范围内不同螺距的螺纹,对于非标准螺纹有较大的加工柔性,经济性较好;定螺距刀片可以同时加工螺纹的底径和顶径,同心度较好,加工出的螺纹压形准确,不需额外进行去毛刺工序,加工效率较高。

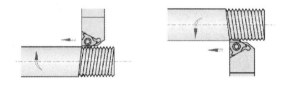

图 2-14　螺纹旋向与加工方式

(a) 全牙型刀片　　(b) 泛螺距刀片

图 2-15　螺纹刀片的类型

（3）切削进刀方式的选择。螺纹车削进刀方式对切屑类型、刀具寿命等影响较大。进刀方式的选择要考虑切削条件、工件的切削性能以及所使用的设备性能等。常用的进刀方式有以下 3 种。

① 径向进刀如图 2-16 所示，此方式切削螺纹切削力较大，切屑呈 V 形，切削刃承受完全应力较大，要求刀片有较好的韧性。多数机床只能使用此方法，常用于小螺距切削。其缺点是：加工大螺距时，切削刃过长，容易产生振动；加工梯形螺纹时，排屑困难。

② 沿齿侧进刀（改进型），如图 2-17 所示。

在这种方法中，横切方向与螺纹齿侧面一致，但略小于螺纹牙型半角 $1°/5°$。与径向进刀相比，这种方法切削过程平稳，切屑形状比较理想，并且易于从切削刃中排出，热扩散性更好，可以使用较大切深进行加工。

③ 沿齿侧面交互式进刀如图 2-18 所示。

 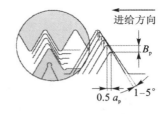

图 2-16 径向进刀切削螺纹　　图 2-17 沿齿侧进刀（改进型）　　2-18 沿齿侧面交互式进刀

这种方法沿螺纹两个侧面交替进刀，分别采用刀片的两个切削刃来形成螺纹，可以保证较长的刀具寿命。这种方法通常只用于大节距和（英制）梯形等螺纹，但编程复杂，且并非所有数控机床都支持此方式。

2.3.4 切槽（断）刀

切槽刀主要分为外切槽刀、内切槽刀和端面切槽刀，分别如图 2-19（a）～图 2-19（c）所示。目前，切槽刀尚无统一的 ISO 编码规则，在选择时可具体参阅各刀具供应商的产品手册。

切槽（断）加工时，刀具的工作前、后角是不断变化的，在加工时需要考虑以下几个问题。

(a)外切槽刀　　(b)内切槽刀　　(c)端面切槽刀

2-19 切槽刀的类型

（1）刀具悬伸应尽可能短。

（2）刀片切削刃尽可能与工件中心一致。

（3）刀杆安装必须与工件垂直或平行（端面槽刀）。

（4）在切削槽底时，降低进给量，且刀片在槽底不宜停留过长。

（5）切断时，被切工件在切削刃到达中心之前就已脱落，工件表面会留有小凸台，其原因为随着进给接近中心，刀具工作后角急剧减小为负值，后刀面挤压工件所致。故在要求较高的表面切断后，还需增加切削端面的工步。

2.4　可转位车刀刀片

2.4.1　可转位车刀刀片的 ISO 编码

　　我国国标 GB2076 规定了我国可转位车刀刀片的形状、尺寸、精度、结构等特点，用 10 为代码表示，其内容与 ISO 规则一致，如图 2 - 20 所示。

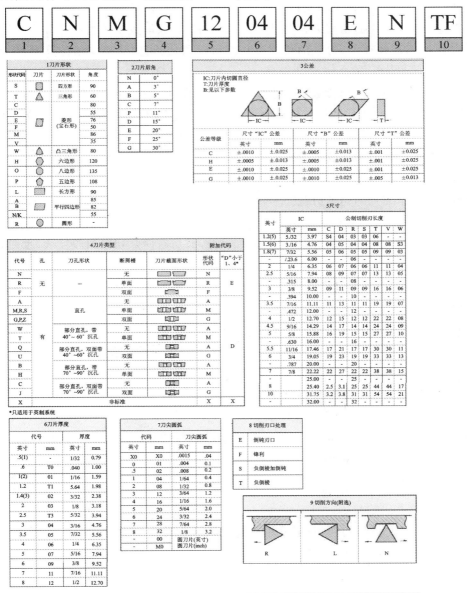

2 - 20　可转位车刀刀片的 ISO 编码

（1）第一位表示刀片的形状，刀片的形状决定了刀尖角的大小。

（2）第二位表示刀片的法向后角，刀具后角一般靠刀片安装倾斜而成，若使用平装刀片结构，则需选择带有相应后角的刀片。目前用得最多的是 N、C、P 三种类型的后角（0°、7°、11°）。

（3）第三位表示刀片尺寸的公差等级，共有 12 种。精度较高的公差等级代号为 A、F、C、H、E、G；精度较低的代号为 J、K、L、M、N、U。

（4）第四位表示刀片的结构类型（断屑槽级夹固形式）。例如：M 表示刀片有中心孔，且有单向断屑槽；N 表示无孔且无断屑槽的平面型。

（5）第五位表示刀片的切削刃长度，用两位数字表示，只取数字的整数部分。刀片廓形的基本参数以内切圆直径表示，刀片的切削刃长度可以内切圆直径、刀尖角计算得出，如图 2 - 20 所示。

（6）第六位表示刀片的厚度，同样用两位整数表示，如 06 表示厚度为 6.35 mm（1/4 英寸）的刀片。刀片厚度是指切削刃刀尖处至刀片地面的尺寸，不同内切圆直径的刀片采用不同的厚度。

（7）第七位表示车刀刀片的刀尖圆弧半径，用放大 10 倍的两位整数来表示，如 08 表示刀尖圆弧半径为 0.8 mm。

（8）第八位表示刀片的切削刃截面形状（刃口钝化代号），它由刀具几何参数决定，如图 2 - 20 所示。F 表示锋利，E 为倒钝刃口，T 为负倒棱刃口，S 为倒钝加负棱刃口。

（9）第九位表示刀片的切削方向，R 表示右手刀，即从右向左切削；L 表示左手刀，即从左向右切削；N 表示中性刀，左、右切削均可。

（10）第十位是各刀具制造商自定义的代码，通常由两个字母分别表示断屑槽的形式和加工性质。例如：CF 表示 C 型断屑槽，精加工用刀片；CR 表示 C 型断屑槽，粗加工用刀片；CM 表示 C 型断屑槽，半精加工用刀片。断屑槽的形式和尺寸是可转位车刀片各尺寸中最活跃的因素，《GB/T17983 - 2000（ISO10910：1995）断屑槽可转位刀片近似切屑控制区的分类和代码》对此做了一定的规范，具体数值详见各刀具供应商的刀具图册。

2.4.2　可转位车刀刀片的断屑槽

常用的车刀断屑槽类型如表 2 - 6 所示。断屑槽参数的选择与被加工材料的切削加工性能、切削条件、切削性质（粗、精加工）等有密切联系。

1. 切削碳素钢

中等背吃刀量和进给量（$a_p = 1 \sim 6mm, f = 0.2 \sim 0.6$ mm/r）条件下用硬质合金车刀切削中碳钢时，若要求形成 C 形切屑，一般采用直线圆弧形断屑槽，断屑槽宽略大于所采用的最大 a_p 值，一般选取外斜式或平行式断屑槽。

表 2 - 6　断屑槽的类型

代号	断屑槽类型举例	代号	断屑槽类型举例	代号	断屑槽类型举例	代号	断屑槽类型举例	备　注
A		Y		K		H		
J		U		Z		V		
M		W		G		P		
B		O		G		C		$a=1,2,3,4,5,6,7$

　　小背吃刀量时,如采取上述断屑槽则不容易断屑,其原因是由于断屑槽相对较宽,切屑在刀尖与副切削刃的作用下不经过槽底而在刀尖附近就拐向主切削刃流出,切屑不易断裂,影响加工,此时可选 D 型或 A 型断屑槽。

　　大背吃刀量、大进给量(a_p>10mm,f=0.6~1.2 mm/r)时,由于切屑宽而厚,若形成 C 形切屑易损坏切削刃,通常采用全圆弧形槽型。

　　切屑低碳钢时,由于低碳钢切屑变形大,比中碳钢容易断屑,故可以采用与中碳钢相同的断屑槽型。

2. 切削合金钢

　　合金钢的强度和韧性均比中碳钢要高,因而断屑更加困难,因此需要增加附加变形,一般采用外斜式断屑槽,且槽宽也要适当减少。

2.4.3　可转位车刀片的选择

　　可转位刀片是各种机夹可转位刀具最关键的部分,正确选择和合理使用可转位刀片决定了机械加工的质量和效率。可转位刀片的选择包括刀片材料、形状及尺寸等。

1. 刀片材料的选择

　　如 2.2 节所述,常用刀片材料有高速钢、陶瓷、CBN 和 PCD 等,目前最常用的是硬质合金和涂层硬质合金刀片。选择刀片材质的主要依据是被加工工件材料、被加工表面精度、加工性质以及加工条件等,在第 2.2 节已有讲述。

2. 刀片形状的选择

　　选择刀片形状时,主要依据加工工序的性质、工件的轮廓形状、刀具寿命和刀片的切削刃数量等因素。

　　在最常用的几种刀片中,三角形(T)刀片可用于 90°外圆、端面车刀,虽然其刀尖角小,强度差,刀具寿命较短,但切削径向力较小,适用于工艺系统刚度较差的环境。偏 8°三角形刀片

（W）刀尖角有所增加，不仅提高了刀具寿命，还可以减小加工表面的残留，从而减小表面粗糙度。正四边形（S）刀片适用于主偏角 45°、60°、75°的各种外圆车刀和端面车刀，刀片通用性好，刀尖角为 90°，刀片强度和寿命有所提高，且切削刃数量增加，但切削加工时径向力 F_p 有所增加。圆形（R）刀片可以用于车削曲面、成形面和精加工。

在选择刀片形状时，尤其需要注意的是，在加工凹形轮廓表面时，若副偏角选择较小，会导致刀具的主后刀面、副后刀面与工件发生干涉，副切削刃参与切削，得不到正确的形状，因此，在加工此类图形时必须校验刀片的副偏角，必要时应作图检验。

3. 刀片尺寸的选择

选择刀片尺寸主要包括刀片的切削刃长度（内切圆）、厚度和刀尖圆弧半径等。如 2.3 节所述，边长的选择与主切削长度、背吃刀量 a_p、刀具主偏角 k_r 有关。刀片厚度的选择主要考虑切削力、冲击力的大小，在满足强度的前提下尽量选择厚度较小的刀片。刀尖圆弧半径的选择应考虑加工表面的粗糙度和工艺系统的刚度。刀尖圆弧半径增加会导致切削残留高度减少，表面粗糙度降低，也会导致径向力 F_p 增加，影响工艺系统的刚性。

2.4.4 可转位刀片的失效形式

可转位刀片的失效形式主要为磨损与破损，其损坏原因随刀具材料和工件材料的不同而不同，主要形式是以磨损为主，有时在磨损的同时伴有微崩刃。随着切削速度的提高，切削温度升高，磨损机理主要为粘接磨损和化学磨损（氧化与扩散）。对于脆性大的刀具，如 PCD、CBN 和陶瓷刀具，在高速断续切削时，主要的失效形式为崩刃、剥落或碎断等。

以磨损为主损坏的刀具可按磨钝标准，根据刀具寿命与切削用量、切削条件之间的关系，确定刀具磨损寿命。对于以破损为主要损坏的刀具，则应按刀具破损的分布规律，确定刀具的破损寿命与切削用量和切削条件之间的关系。

表 2-7 列举了常用的刀具失效形式、原因及其解决方法。

表 2-7　常见的刀具失效形式及其原因

失效形式	导致的后果	原因	解决方法
后刀面磨损 	后刀面迅速磨损导致加工表面粗糙度增加	1. 切削速度过高； 2. 刀片材料硬度过低； 3. 进给量太低（切屑厚度不足）	1. 降低切削速度、选择硬度更高的刀片材料、选择合适背吃刀量和进给量； 2. 后刀面磨损在加工一定时间后属于正常磨损
边缘缺损 	切削刃口出现细小裂纹，导致加工表面粗糙度增加	1. 刀片材料耐磨性太高，过脆； 2. 切削振动； 3. 进给量或切深过大； 4. 切屑堵塞； 5. 切削刃太锋利	1. 使用韧性较好的刀片材料； 2. 选择带负倒棱的刀片； 3. 增加切削稳定性； 4. 选择合适的切削参数

失效形式	导致的后果	原因	解决方法
月牙洼磨损	削弱切削刃口的强度,导致加工表面粗糙度增加	1. 切削速度,进给量过高或过低; 2. 刀片前角太小; 3. 刀片耐磨性差; 4. 冷却补充	1. 选择合适的切削速度、进给量; 2. 增加车刀前角; 3. 选择更加耐磨的刀片材料; 4. 改善冷却条件
塑性变形	刃口凹陷或侧面凹陷导致切削控制变差,加工表面粗糙度增加,导致崩刃	1. 切屑温度过高、压力过大; 2. 涂层损坏; 3. 断屑槽太窄	1. 降低切削速度; 2. 选择更耐磨的刀片; 3. 选择合适的涂层; 4. 增加冷却
积屑瘤	积屑瘤导致加工表面粗糙度增加,积屑瘤脱落导致刃口破损	1. 切削速度偏低; 2. 刀片前角过小; 3. 前刀面摩擦太大; 4. 冷却不充分; 5. 刀片牌号不正确	1. 提高切削速度; 2. 增加刀片前角; 3. 改善冷却、润滑条件; 4. 采用涂层刀片; 5. 选择正确的刀片牌号
刀片断裂	损坏刀片和工件	1. 切削力过大; 2. 切削稳定性不够; 3. 刀尖强度差; 4. 断屑槽选择错误	1. 降低进给量、切深、切削速度;2. 选择韧性更好的刀片;3. 选择刀尖角大的刀片;4. 选取合适的断屑槽

2.5　数控铣削刀具

2.5.1　铣刀的种类

与车刀不同,铣刀是多刃切削刀具,对于每个铣刀齿而言,其切削过程是断续的,这与车削等连续切削相比有很大不同,其特点为切削过程不平稳,冲击较大。这就要求铣刀必须具有良好的刚性和韧性,同时还需要较好的排屑性能。常用的铣刀分为以下几种:

1. 面铣刀

如图 2 - 21 所示,面铣刀的主切削刃为圆周方向的切削刃,端面方向为副切削刃,通常用于立式或卧式铣床上加工台阶面和平面,加工效率高。

硬质合金面铣刀的铣削速度、加工效率、加工质量与高速钢铣刀相比均有较大提高,目前在数控加工中使用广泛。其中,可转位式面铣刀加工精度、加工效率都很高,目前已逐步取代整体焊接式和机夹焊接式面铣刀。可转位面铣刀的直径已经标准化,采用公比 1.25 的标准直径系列:16、20、25、32 等。

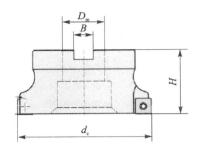

图 2 - 21　硬质合金可转位面铣刀

2．立铣刀

立铣刀是数控机床上用得最多的一种铣刀，其结构如图 2 - 22 所示。立铣刀的圆柱表面和端面都有切削刃，主要用于加工凹槽、台阶面等。

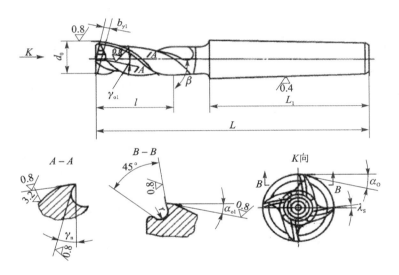

图 2 - 22　立铣刀

立铣刀圆柱表面的切削刃为主切削刃，端面上的切削刃为副切削刃。主切削刃一般为螺旋齿，这样可以增加刀具的工作前角，提高切削平稳性，保证加工精度。普通立铣刀的端面刃一般不过中心，即端面中心处无切削刃，故不能做轴向进给方，端面刃一般用于加工与侧面垂直的小平面。

3．模具铣刀

模具铣刀由立铣刀发展而来，可分为圆锥形立铣刀（圆锥半角 $\alpha/2$ 为 3°、5°、7°、10°）、圆柱球头立铣刀和圆锥球头立铣刀 3 种，如图 2 - 23 所示。其柄部有直柄、削平型直柄和莫氏锥柄等几种。

模具铣刀的特点是端面上布满切削刃、圆周刃与球头刃圆弧连接，可以作轴向和径向进给，主要用于加工模具型腔和成形表面。小规格的硬质合金模具铣刀多为整体式结构，$\phi16$ 以上直径的制成可转位刀片结构。

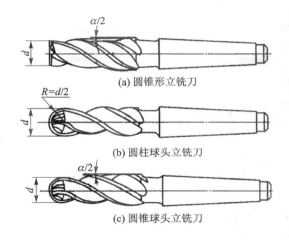

(a) 圆锥形立铣刀

(b) 圆柱球头立铣刀

(c) 圆锥球头立铣刀

图 2 – 23　模具铣刀

4．键槽铣刀

如图 2 – 24 所示,键槽铣刀有两个刀齿,圆柱面和端面都有切削刃,端面刃延至中心,具有一定的轴向切削能力。加工时先轴向进给达到槽深,然后沿键槽方向铣出全长。其主要用于加工圆头封闭键槽。

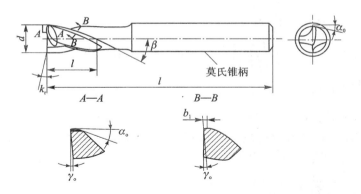

图 2 – 24　键槽铣刀

键槽铣刀的圆周切削刃仅在靠近端面的附近发生磨损,重磨时,只需刃磨端面切削刃,保证重磨后铣刀直径不变。

5．鼓形铣刀

如图 2 – 25 所示,鼓形铣刀的切削刃分布在半径为 R 的圆弧面上,端面无切削刃,加工时控制刀具的上下位置,改变切削刃的工作部位,可以切出从正到负的不同斜角,如图 2 – 26 所示。R 越小,鼓形铣刀加工范围越广,但 R 越小刀具强度越低,切削速度越低,获得的表面越粗糙。

鼓形铣刀的缺点是刃磨困难,切削条件差,没有平面(底面)加工能力。

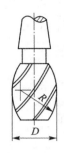

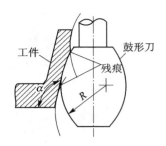

图 2-25　鼓形铣刀　　　　　　　图 2-26　鼓形铣刀的使用

6. 成型铣刀

成型铣刀一般是为特定形状的工件表面专门设计制造的,有些成型铣刀也有一定的系列,如渐开线齿面、燕尾槽、T 型槽等。图 2-27 所示为几种常用的成型铣刀。

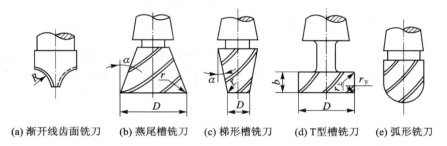

(a) 渐开线齿面铣刀　(b) 燕尾槽铣刀　(c) 梯形槽铣刀　(d) T型槽铣刀　(e) 弧形铣刀

图 2-27　常用的成形铣刀

2.5.2　数控铣刀刀片

图 2-28 所示为可转位铣刀刀片的 ISO 编码方法,与可转位数控车刀刀片的编码方式类似,主要区别在于第七位代码:铣刀刀片用两位字母分别表示主偏角 K_r 和修光刃法向后角 α_n,而车刀刀片此位编码表示刀尖圆弧半径。

2.5.3　可转位数控铣刀刀具

1. 编码规则

可转位数控铣刀种类较多,按其结构种类的不同进行分类编码如图 2-29 所示,不同的刀具供应商的编码有稍许不同,具体的请参照各刀具供应商的图册。

2. 铣刀的选择方法

铣刀的选择应与工件表面形状和尺寸相适应。加工较大平面应选择面铣刀;加工凹槽、较小的台阶及平面轮廓应选择立铣刀;加工空间曲面、模具型腔、成形表面等多选球头铣刀;加工封闭键槽选键槽铣刀;加工变斜角零件等应选鼓形铣刀。数控铣床上使用最多的是可转位面铣刀和立铣刀。

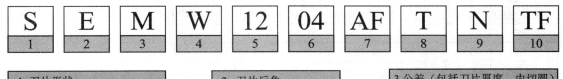

S	E	M	W	12	04	AF	T	N	TF
1	2	3	4	5	6	7	8	9	10

1. 刀片形状

A 85°　B 82°　C 80°　D 55°
E 75°　H（六边形）　K 55°　L
M 86°　O（八边形）　P（五边形）　R（圆）
S（正方形）　T（三角形）　V 35°　W 80°

2. 刀片后角

A 3°　B 5°　C 7°
D 15°　E 20°　F 25°
G 30°　N 0°　P 11°
0=特殊

3. 公差（包括刀片厚度、内切圆）

公差等级	公差+/-mm			内切圆d尺寸mm
	m	s	d	3.175　4.76　6.35　9.525　12.7　15.875　11.05　25.4　3.75　31.1
A	0.005	0.025	0.025	
E	0.025	0.025	0.025	
F	0.005	0.025	0.013	
G	0.025	0.013	0.025	
H	0.013	0.013	0.013	
J	0.005	0.025	0.05	
	0.005	0.025	0.08	
	0.005	0.025	0.10	
	0.005	0.025	0.13	
	0.005	0.025	0.15	
K	0.013	0.025	0.05	
	0.013	0.025	0.08	
	0.013	0.025	0.10	
	0.013	0.025	0.13	
	0.013	0.025	0.15	
M	0.08	0.13	0.05	
	0.13	0.13	0.08	
	0.13	0.13	0.10	
	0.18	0.13	0.13	
	0.20	0.13	0.15	
V	0.13	0.13	0.08	
	0.20	0.13	0.13	
	0.27	0.13	0.18	
	0.38	0.13	0.25	

4. 刀片类型

A　F　G　M　N　Q　R　T　U　W
X-特殊

5. 刀片尺寸（切削刃长）

英寸	JC 英寸	JC mm	C	D	R	S	T	V	W
1.2(5)	5/32	3.97	S4	04	03	03	06	-	-
1.5(6)	3/16	4.76	04	05	04	04	08	08	S3
1.8(7)	7/32	5.56	05	06	05	05	09	09	03
-	.236	6.00	-	06	-	-	-	-	-
2	1/4	6.35	06	07	06	06	11	11	04
2.5	58/16	7.94	08	09	07	07	13	13	05
-	.315	8.00	-	08	-	-	-	-	-
3	3/8	9.52	09	11	09	09	16	16	06
-	.394	10.00	1	10	-	-	-	-	-
3.5	7/16	11.11	1	13	11	11	19	19	07
-	.472	12	-	12	-	-	-	-	-
4	1/2	12.70	12	15	12	12	22	22	08
5	9/16	14.29	14	17	14	14	24	24	-
5	5/8	15.88	16	19	15	15	27	27	10
-	.630	16.00	-	16	-	-	-	-	-
5.5	11/16	17.46	17	21	17	17	30	30	11
6	3/4	19.05	19	23	19	19	33	33	12
-	.787	20.00	-	20	-	-	-	-	-
7	7/8	22.22	22	27	22	22	38	38	15
-	.984	25.00	-	25	-	-	-	-	-
8	1	25.40	25	31	25	25	44	44	17
10	11/4	31.75	32	38	31	31	54	54	21
-	1.260	32.00	-	-	-	-	-	-	-

6. 刀片厚度

代号 英寸	代号 mm	厚度 英寸	厚度 mm
.5(1)		1/32	0.79
6	T0	.040	1.00
1(2)	01	1/16	1.59
1.2	T1	5.64	1.98
1.5(3)	02	3/32	2.38
2	03	1/8	3.18
2.5	T3	5/32	3.97
3	04	3/16	4.76
3.5	05	7/32	5.56
4	06	1/4	6.35
5	07	5/16	7.94
6	09	3/8	9.52
7	11	7/16	11.11
8	12	1/2	12.70

7. 修光刃角度代号

第一位：主偏角
A=45°　D=60°　E=75°　F=85°　P=90°　Z=特殊

第二位：法向后角
A=3°　F=25°　B=5°　G=30°　C=7°　N=0°　D=15°　P=11°　E=20°　Z=特殊

M*=毫刀片（公制形式）
00=尖刀　Z=特殊
01=0.1mm
02=0.2mm
04=0.4mm
08=0.8mm
12=1.2mm　atc
圆弧半径

8. 刃口钝化代号

F:刃口锋利　E:刃口倒圆
T:刃口倒棱　S:刃口倒棱、倒圆

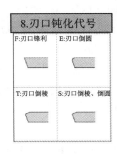

9. 切削刃方向

R　右旋
L　左旋
N　中性（右旋与左旋）

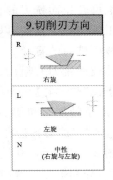

10 制造商选择代号（断屑槽型）

刀片的ISO编号通常由前9位组成，第10位为制造商根据需要增加（详见各制造商图册）

图 2-28　可转位铣刀刀片的 ISO 编码

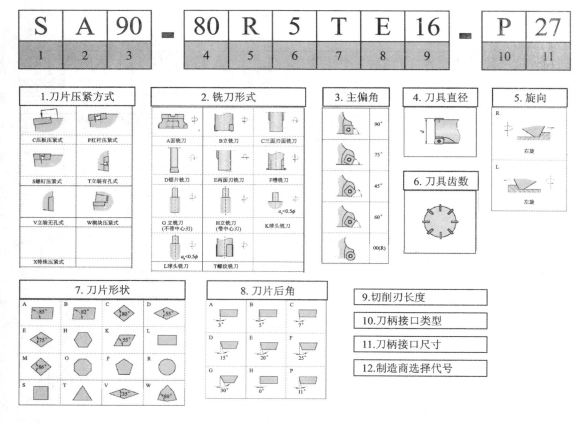

图 2-29 可转位数控铣刀编码

1）面铣刀的参数选择

标准可转位面铣刀的直径为 $\phi 16\sim630$ mm，应根据侧吃刀量 a_e 选择适当的铣刀直径，尽量包容工件的整个宽度，以提高加工效率，保证刀具耐用度，但也需考虑机床的型号、功率等因素。一般面铣刀的直径 $d_0=(1.4\sim1.6)a_e$。

可转位面铣刀有粗齿、细齿和密齿 3 种。粗齿铣刀容屑空间大，常用于粗铣钢件；细齿铣刀常用于铣削带断续表面的铸件和切削条件较平稳的钢件；密齿铣刀切削过程平稳，但进给量低，主要用于精加工和切削薄壁零件。

2）立铣刀的参数选择

如图 2-22 所示，立铣刀主切削刃的前角在法剖面内测量，后角在端剖面内测量，前后角均为正值，分别根据工件材料和铣刀直径选取。一般情况下，切削钢件等塑性材料时，前角可稍微大一些，钢件的强度升高，前角适当减小；切削铸铁等脆性材料时，为保证刀尖强度，前角选择小一些，材料硬度越大前角越小；铣刀直径越小，后角可适当的取大一点。

立铣刀的尺寸参数一般按以下原则选择。

（1）刀具半径 R 应小于零件内轮廓的最小曲率半径。

（2）对于切削深槽，刀具长度应大于槽深 5～10 mm。

（3）加工筋时，刀具直径为筋厚度的 5～10 倍。

2.6　数控工具系统

2.6.1　概　述

由于数控设备特别是加工中心加工内容的多样性,使其配备的刀具和装夹工具的种类也很多,并且要求换刀迅速。因此,刀、辅具的标准化和系列化十分重要。把通用性较强的刀具和配套装夹工具系列化、标准化,就称为工具系统。也就是说,工具系统是针对数控机床要求与之配套的刀具必须迅速、准确的换刀以及高效切削发展而来的,是刀具与机床的接口。

工具系统除了刀具本身以外,还包括快速更换刀具必需的定位、夹紧、拾取及保护机构。采用工具系统进行加工,虽然工具成本提高,但保证了加工质量,最大限度地发挥了机床的效率,总体成本反而会降低。

数控机床工具系统分为镗铣类数控工具系统和数控车床类工具系统。它们主要由两部分组成:一是刀具部分,二是刀具柄部(刀杆)、接杆(接柄)和夹头等装夹结构。数控机床工具系统发展之初以整体结构为主,20世纪80年代开发出了模块式结构的工具系统,之后又开发出通用模块式结构(车、铣、钻等万能接口)的工具系统。模块式结构的工具系统将工具的刀柄部分和工作部分分割开来,制成各种系列化的模块,然后经过不同规格的中间模块,组成各种不同规格与用途的刀具。

目前世界上模块式工具系统有多种结构,其区别主要在于模块之间的定位方式与锁紧机构的不同。数控机床工具系统的主要要求如下。

(1) 较高的换刀精度和重复定位精度。

(2) 较高的耐用度。

(3) 较高的刚性。

(4) 刀具断屑、排屑性能好。

(5) 工具系统组装、调整方便。

(6) 标准化、系列化、通用化。

2.6.2　数控加工刀具系统的分类

数控加工刀具系统的分类有多种方法,具体如下。

1. 按照刀柄的结构分类

刀柄的结构可分为整体式、模块式两大类。整体式刀柄直接安装刀具,刚性好,但需要针对不同尺寸和结构的刀具以及不同的机床主轴接口形式分别配备;其规格、品种繁多,生产过程中管理不便,但刀具系统在切削过程中稳定可靠。模块式刀柄增加了中间连接部分,装配不同的刀具时更换连接部分即可,克服了整体式刀柄的缺点,但对连接精度、刚性、强度等都有很高的要求。

2. 按刀柄与主轴连接方式分类

刀柄是高速切削的关键部件,起着传递机床精度和扭矩的作用。刀柄的一端是机床主轴,另一端是刀具。高速切削薄壁结构时,刀柄必须具备高速加工的刀柄的一切要求,如好的动平衡性、很高的几何精度和装夹重复精度、很高的装夹刚度等。刀柄与主轴连接方式有单面定位结构和双面定位结构,具体如下。

(1) 单面定位结构中,刀柄以锥面与机床主轴孔配合,端面有 2 mm 左右间隙,常见的有 BT40、BT50 刀柄。这种定位结构精度较低、刚性较差,适用的主轴转速在 10 000 r/min 以下,不适合高速切削。

(2) 双面定位结构中,刀柄以锥面、端面与机床主轴孔配合,这种结构具有很好的动态连接刚度和较好的重复定位精度,适合高速、高精度加工过程。典型的有德国的 HSK 工具系统、美国 KENNAMETAL 的 KM 工具系统、日本日研(NIKKEN)的 NC5 工具系统、日本的 BIG－PLUGS 结构、瑞典 SANDVIK 的 CAPT 工具系统等。

(3) 按刀具夹紧方式分类

按刀具夹紧方式可分为弹簧夹头结构、侧固式结构、液压夹紧式结构和热固定结构。

(1) 弹簧夹头结构在数控加工中适用较多,采用 ER 型弹性卡爪,适用于夹持 20 mm 以下直径的铣刀进行铣削加工。

(2) 侧固式结构在刀柄侧面设计有紧固螺钉,刀具柄部侧面设计有小斜平面,装配时采用侧向夹紧,适用于切削力大的场合,但每种规格的刀具都需对应配备相应规格的刀柄,规格较多,不易管理。

(3) 液压夹紧式结构利用液压原理夹紧刀具,可提供较大夹紧力,刀柄成本较高。

(4) 热固式结构利用热胀冷缩原理夹紧刀具,装刀时对夹持部位进行加热,装入刀具后冷却,夹持部位收缩夹紧刀具,使刀具和刀柄合二为一,刀具系统稳定可靠。使用这种结构的刀柄需要配备专用的刀柄加热装置。

2.6.3　TSG 工具系统

TSG 工具系统是镗铣类工具系统,属于整体式结构,是专门为加工中心和镗铣类数控机床配置的工具系统,也可用于普通镗铣床。它的特点是将锥柄和连杆连成一体,不同品种和规格的工作部分必须带有与机床主轴相连的柄部。其优点是结构简单、刚性较好、使用方便、工作可靠、更换迅速,其缺点是锥柄的品种和数量比较多。图 2－30 所示是我国的 TSG82 数控工具系统,图 2－31 是工具系统的型号编码方法,选用时应按图示及型号进行配置。

1. 刀具柄部形式

当前,数控铣床和镗铣加工中心使用最多的仍是 7∶24 工具锥柄,但在高速加工机床上,1∶10 空心短锥柄的使用正日益增加。

自动换刀机床常用的 7∶24 工具锥柄标准主要有 5 种:①中国国家标准 GB 10944—89 "自动换刀机床用 7∶24 圆锥工具柄部 40、45 和 50 号圆锥柄";②国际标准 ISO 7388/1∶1983 (40、45 和 50 号工具锥柄)和 ISO 7388/3∶1986(30 号工具锥柄);③德国标准分 DIN 69871－1∶1995(30、40、45、50 和 60 号工具锥柄)和 DIN 69871－2(40、45、50、55 和 60 号工具锥柄)两种;④日本现行标准为 JIS B 6339∶1998(30、35、40、45、50、55 和 60 号工具锥柄),用于代替日本工作机械工业会标准 MAS－403∶1975(40、45、50 和 60 号工具锥柄);⑤美国现行标准为 AMSE B5.50－1994(30、40、45、50 和 60 号工具锥柄),用于代替 ANSI/AMSE B5.50－1985 标准。

手动换刀用 7∶24 工具锥柄的常见标准有国家标准 GB 3837.3－83 和国际标准 ISO 297

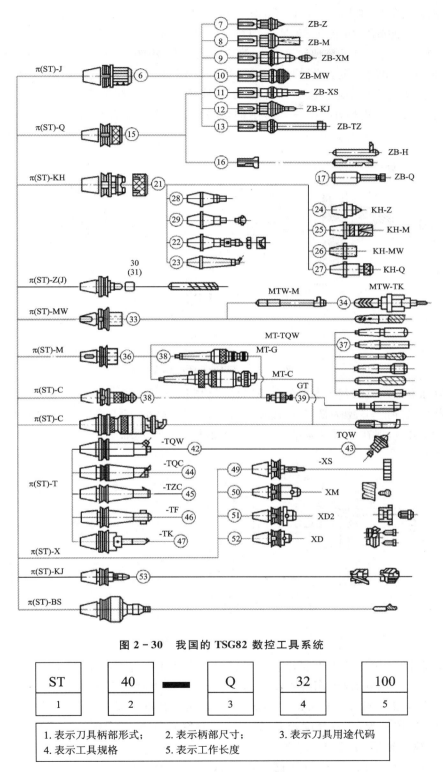

图 2-30　我国的 TSG82 数控工具系统

ST	40	—	Q	32	100
1	2		3	4	5

1. 表示刀具柄部形式；　2. 表示柄部尺寸；　3. 表示刀具用途代码
4. 表示工具规格　　　5. 表示工作长度

图 2-31　TSG 工具系统编码方法

—82,以及机械行业标准 JB 3381.1—83。

我国国家标准 GB 10944—89 是参照国际标准 ISO 7388/1：1983 制定的，除对极个别项目数据进行了圆整（如尾部螺纹底孔深渡 13）或未规定数据（如法兰上的键槽根底倒角）外，其他数据完全相同。而国际标准 ISO 7388/1：1983 又是参照德国标准 DIN 69871—1 的 A 型工具锥柄制定的，所以这 3 个标准的外形尺寸相同。在国内，其工具锥柄的代号为"JT"，特征是：法兰厚度较小；有一装刀用的定位缺口；两个端键槽为不对称分布，如图 2-32 所示。

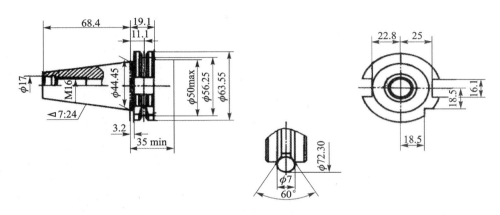

图 2-32 JT40 刀柄结构图

在德国标准 DIN 69871—1 中分为 A 型、AD 型和 B 型 3 种：A 型为螺纹底孔不通的；AD 型为螺纹底孔贯穿的；B 型为法兰端面供水的。而 DIN 69871—2 则只有 C 型一种，为双平行法兰、无 V 型槽的，现在已很少采纳。其工具锥柄代号虽然标准中未作规定，但在德国其代号通常称为"ST"。

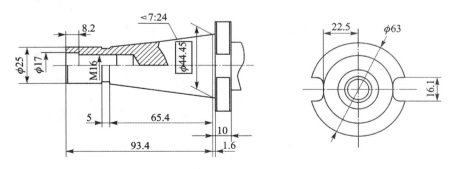

图 2-33 ST40 刀柄结构图

日本标准 JIS B 6339：1998 虽已替代了日本工作机械工业会标准 MAS—403：1975，但由于其主要外形尺寸相同，对使用基本没有影响，所以在不少制造商的样本上仍然标注 MAS—403 标准代号，而未标注 JIS B 6339。但应注意，这两个标准所用的拉钉是不同的。其工具锥柄代号为"BT"，特征为：法兰厚度较大；V 型槽非对称分布，靠近工作部分一侧；两个端键槽对称分布；端键槽不铣通，如图 2-34 所示。

美国标准 AMSE B5.50—1994 已替代了 ANSI/AMSE B5.50—1985，同样，由于外形尺寸相同，很多制造商在样本上仍标注 ANSI/AMSE B5.50，或只标注 ANSI。其工具锥柄代号虽然标准中未作规定,但通常称为"CAT",特征为:法兰厚度较小;两个端键槽为非对称分布;在一个端键槽的底面上钻有识别孔,用于刀具定位。其尾部螺纹应为 UNC 制螺纹,国内制造商为方便用户使用,改为对应的公制螺纹,其他尺寸不变。

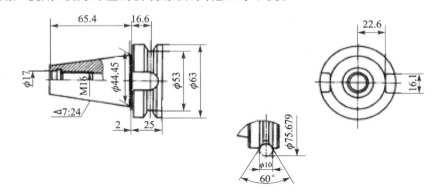

图 2－34　BT40 刀柄结构图

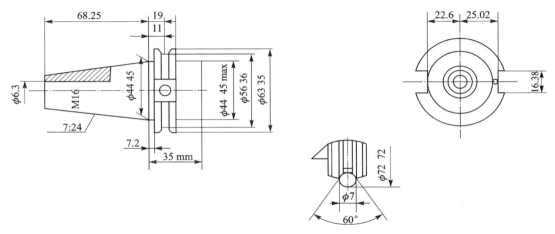

图 2－35　CAT40 刀柄结构图

2. 柄部尺寸

柄部形式代号后面的数字为柄部尺寸。对锥柄表示相应的 ISO 锥度号,对圆柱柄表示直径。7:24 锥柄的锥度号有 25、30、40、45、50、60 等。例如,40 代表大端直径为 $\phi44.45$ mm 的 7:24 锥度。大规格 50、60 号锥柄适用于重型切削机床,小规格 25、30 号锥柄适用于高速轻切削机床。

3. 工具用途代码

表 2.8 列出了 TSG82 工具系统工具用途代码的含义。

表 2－8　TSG82 工具系统工具用途代码的含义

代　码	含　　义	代　码	含　　义	代　码	含　　义
J	装接长刀杆用刀柄	KJ	扩、铰刀	TF	浮动镗刀
Q	弹簧夹头	BS	倍速夹头	TK	可调镗刀
KH	快换夹头	H	倒锪端面刀	X	铣削刀具

代码	含义	代码	含义	代码	含义
Z	装钻夹头	T	镗孔刀具	XS	三面刃铣刀
MW	装莫氏无扁尾刀柄	TZ	直角镗孔	XM	套式面铣刀
M	装莫氏有扁尾刀柄	TQW	倾斜式微调镗刀	XDZ	直角端铣刀
G	攻螺纹夹头	TQC	倾斜式粗镗刀	XD	端铣刀
C	切槽工具	TZC	直角形粗镗刀	XP	平型直柄刀具

4. 工具规格

用途代码后的数字表示工具的工作特性,其含义随工具不同而各异,有些工具该数字为其轮廓尺寸,有些工具表示应用范围。

5. 工作长度

此数字表示工具的设计工作长度(锥柄大端直径处到端面的距离)。

2.6.4 工具系统的配件

1. 拉钉

我国国家标准 GB 10945 - 89"自动换刀机床用 7:24 圆锥工具柄部 40、45 和 50 号圆锥柄用拉钉"是参照国际标准 ISO 7388/2-1984 制定的,外形尺寸相同,分为 A 型和 B 型两种:A 型拉钉的拉紧面斜角为 15°,用于不带钢球的拉紧装置,代号为 LDA;B 型拉钉的拉紧面斜角为 45°,用于带钢球的拉紧装置,代号为 LDB。二者均配用 JT 型刀柄,且均带贯通孔,用于冷却液流通,如图 2 - 36 所示。

德国标准 DIN6988-1987 的拉钉有 A 型和 B 型两种,A 型带贯通孔,B 型不带,但有密封圈用环形槽,以防止冷却液从尾部泄露。两种拉钉的拉紧斜角均为 15°,用于不带钢球的拉紧装置。

日本标准 JIS B 6339:1998 的拉钉只有一种形式,拉钉的拉紧斜角为 15°,用于不带钢球的拉紧装置,代号为 xxP。而日本工作机械工业会标准 MAS-403 的拉钉有 I 型(见图 2-37)和 II 型两种:I 型拉钉的拉紧斜角为 30°,用于不带钢球的拉紧装置;II 型拉钉的拉紧斜角为 45°,用于带钢球的拉紧装置。这两种拉钉的头部长度比 JIS B 6339:1998 的拉钉头部直径小、颈部长度长。

(a) A型　　　　　　(b) B型

图 2 - 36　ISO 标准拉钉

图 2 - 37　MAS 403 拉钉(I 型)

美国标准 AMSE B5.50 - 1994 的拉钉只有一种形式,拉钉的拉紧斜角为 45°,且凸缘与螺纹之间无定心圆柱。螺纹为 UNC 制螺纹,但国内制造商为方便用户,也有改为对应的公制螺纹的。

2.　卡　簧

卡簧常用于弹性夹头刀柄(见图 2-38),具有较为良好的定心功能,主要夹持直柄刀具。其包含 BT30～BT60 等轻型和重型刀柄,规格为 ER11～ER40,被夹持刀具直径为 0.5～26;通过更换不同的卡簧,增大夹持范围;利用卡簧接杆,可增加长度;卡簧变形量可达 1 mm,依靠弹性变形进行加紧,松夹方便,多用于夹持轻、中型载荷切削的刀具。常用于立铣刀、钻头、丝锥、铰刀、中心钻等切削刀具的夹持。

图 2-38　弹性夹头刀柄和 ER 卡簧

2.7　切削液

众所周知,在金属切削加工中切削液是必不可少的。数控加工的加工效率及加工质量都在不断的提高,切削液的作用显得越来越重要。

2.7.1　切削液的作用

与干切削条件相比,切削液一般是以液体的形式加到切屑形成区,用来改善切削条件。使用切削液的具体目的有:延长刀具寿命;保证和提高加工尺寸精度;改善加工面;降低工件表面粗糙度值;排除碎切屑,洗净加工面;防止工件和机床腐蚀或生锈;提高切削加工效率;降低能耗和生产成本等。

为实现上述目的,要求切削液具有多种功能。对具体加工来说,切削液的各种功能相对重要性有所不同,但绝大多数金属切削过程都要求切削液具有冷却、润滑、清洗和防锈 4 方面的基本功能。

1.　冷却作用

切削过程中,3 个变形区所产生的热量除分别由切屑、工件、刀具和周围介质(如空气)传出外,还应采用切削液将切削区的热量迅速带走。切削液的冷却效果有两个方面:即通过润滑对切削机理的影响所体现的冷却及直接冷却。由于切削液的自身冷却能力,其直接冷却作用不但可以降低切削温度,减少刀具磨损,延长刀具寿命,而且还可以防止工件热膨胀、翘曲对加工精度的影响,以及冷却已加工表面抑制热变质层的产生。

冷却作用通常是指切削液将热量从它产生的地方迅速带走的能力。切削液的冷却作用大小取决于切削液和材料热导率、比热容;切削液的汽化热、汽化速度、流量及流速(流速与粘度、压力有关)等。通常水的热导率、比热容、汽化热比油大,粘度比油小,所以一般水的溶液的冷却性能最好,油类较差,乳化液介于二者之间,接近于水。

2．润滑作用

切削液的润滑作用是指它减小前刀面与切屑、后刀面与工件表面之间的摩擦、磨损及熔着、粘附的能力。在一定条件下,使用良好的切削液可以减少刀具前、后面的摩擦,因而能降低功率,增加刀具寿命,并获得较好的表面质量,而更重要的是可以减少产生积屑瘤(即刀瘤)的机会。

切削液具有渗透作用,在切屑、工件与刀具接触表面形成吸附薄膜达到增加润滑和减少摩擦的效果。吸附薄膜有物理性吸附和化学性吸附膜。物理性吸附膜是在切削液中加入动、植物油等油性添加剂,化学性吸附膜是添加硫、氯和磷等极压添加剂,使其与金属表面起化学反应形成牢固的化学性吸附膜。

常用的油性添加剂有脂肪酸、醇类、脂类等。常用的极压添加剂是有机的氯、硫、磷等化合物。性能优良的切削液需同时含有油性添加剂和极压添加剂。

3．清洗作用

在切削过程中产生的细碎的切屑粘附在刀具、工件加工表面和机床的运动部件之间,从而造成机械擦伤和磨损,导致工件表面质量变坏,刀具寿命和机床精度降低。因此,要求切削液具有良好的清洗作用,在使用时往往给予一定的压力以提高冲刷能力,及时将细碎切屑、砂粒、粘结剂的粉末冲走。切削液清洗性能的好坏除与使用压力有关外,还与切削液的流动性(粘度)、流量和渗透性有关。而渗透性和流动性的好坏又与切削液的成分有关,所以,常常在切削液中加入一定量的油溶性或水溶性表面活性剂,以增强润湿渗透性,降低表面张力、提高清洗能力。

4．防锈作用

切削液中加入防锈添加剂,使它与金属表面起化学反应而生成保护膜,起到防锈、防腐蚀等作用。

上述切削液的冷却、润滑、清洗、防锈4个作用并不是孤立的,而是互相影响、各有侧重的有机统一体。油基切削液的润滑性、防锈性较好,但冷却性、清洗性稍差;水基切削液的冷却、清洗性能较好,但润滑性、防锈性略差。因此,对于每一种切削液来说,这4个性能不可能都是优良的,应当根据具体情况抓住主要矛盾,兼顾其他方面进行合理配制和选用。

此外,切削液除具有以上4个作用外,还应具有抗泡沫性、减小环境污染、对人体无害、经济效益好、易配制、使用方便、贮存稳定性好、不易变质等特点。

2.7.2　切削液的种类及其应用

生产中常用的切削液有以冷却为主的水基切削液和以润滑为主的油基切削液,各种切削液的性质比较见表2-9。同时,固体润滑剂是一种环保性能很好的润滑材料,目前已得到越来越广泛的应用。

表 2-9　切削液的性质比较

项　目	乳化液	合成液	切削油	极压切削油
润滑性	一般	好	好	最好
冷却性	好	好	一般	差
清洗性	一般	好	差	差
使用周期	短	一般	较长	较长
成本	低	低	高	高
后期处理费用	一般	贵	低	低
环保性能	差	好	一般	一般

固体润滑剂中使用较广的是二硫化钼（MoS_2），其润滑膜有熔点高（1 185 ℃）、摩擦系数低（0.05～0.09）、抗压性能高（3.1 GPa）等优点。切削时将 MoS_2 涂刷在刀具的前、后刀面上，在高温高压的情况下刀具能保持很好的润滑和耐磨性能，同时能防止粘接和抑制积屑瘤的产生，延长刀具寿命并提高加工表面质量。

2.7.3　现代切削液技术发展方向

目前，随着人们环保意识的增强，清洁生产、绿色制造已成为发展先进制造技术的主题之一。由于切削液在使用、处理、排放过程中占有和消耗大量的能源和资源，与此发生的相关费用约占生产加工总费用的 30%。所以，研究和开发新型的切削液，不断满足越来越高的加工要求，同时节能降耗，改善和减少切削液等因素给环境带来的污染，实现制造过程中的清洁化生产，是我们面临的新课题。

现代切削液技术有 3 个发展特点：一是强调长寿命、低毒和低污染，其废液处理后可完全降解；二是大力发展干切削的研究，扩大其使用范围；三是寻找传统切削液的替代品。目前，新型切削液的研究、开发方兴未艾，世界上许多国家都在进行积极的探索。

1．干切削技术

干切削是为保护环境和降低成本而有意识地减少或完全停止使用切削液的方法，科学家认为：干切削是未来切削加工技术的一项主要发展趋势。但是，由于完全的干切削对刀具、工艺选择原则等条件过于苛刻，因而应用范围很窄。目前的研究方向是介于完全干切削和湿切削之间的所谓的"最小润滑技术"，其目的是使切削液的用量达到最少。

2．蒸气冷却

俄罗斯专家在 1998 年首次采用蒸气作为冷却润滑剂，并获得专利。用此方法加工 45 号钢和 1Gr18Ni9Ti，刀具寿命可比在空气中切削提高 1～3 倍。

3．高压注液冷却

日本学者采用高压注液对镍铬铁超耐热合金材料等进行精加工。研究表明，如果以相同的刀具磨损值为基数，在一定工艺条件下，高压注液冷却可比传统冷却提高切削速度 2～2.5 倍，刀具寿命可延长 5 倍以上。

4．液氮冷却

近年来，用液氮冷却液作为切削液进行低温加工，是一项引起广泛重视的研究成果。它是利用液氮使工件、刀具和切削区域处于低温冷却状态而进行切削加工的方法。液氮冷却液在应用上主要有 4 个方面的优点：(1)氮气是大气中含量最多的成分，来源十分广阔，液氮作为切削液，应用后直接挥发成气体返回大气中，无任何污染，符合绿色制造要求；(2)利用一些钢铁材料的低温脆性进行液氮低温切削加工，可提高其切削加工性，增强加工质量；(3)使用液氮冷却低温（超低温）加工解决了一些金属、非金属材料和复合材料难加工的问题；(4)把液氮作为切削液直接应用可显著降低切削温度，提高加工精度和表面质量，延长刀具的使用寿命。许多学者都认为液氮将是未来切削加工中一种比较有效和经济的切削液替代品。

本章小结

本章主要介绍了数控加工对所使用刀具的要求、数控刀具的特点及分类；常用的数控刀具材料，重点介绍了硬质合金材料的牌号；数控可转位车刀及刀片的 ISO 编码规则及其选用原则；数控铣削刀具的种类及代号，以及数控铣刀可转位刀具的选择；数控镗铣工具系统的组成；切削液技术及其发展方向。

习　题

一、填空题

1. 常用的刀具材料有工具钢、_____、_____、_____ 和 _____等。

2. 端铣刀的主要几何角度包括前角 _____、_____、_____和副偏角。

3. 制造较高精度，切削刃形状复杂，用于切削钢材的刀具，其材料应选用_____。

4. 在车削脆性金属材料时，刀具常见的磨损形式为_____。

5. 数控加工中，切削三要素 V_c，f，a_p 的选择原则是：先选择_____，再选择_____，最后选择_____。

6. 常用冷却液种类有_____、_____和_____。

二、选择题

1. 精车加工 45 钢，直径为 $\phi30$，其刀具材料最好为_____。

A. P10　　　　B. P30　　　　C. K10　　　　D. K30

2. 精车加工铸铁材料，直径为 $\phi30$，其刀具材料最好为_____。

A. YG8　　　　B. YG3　　　　C. YT15　　　　D. YT30

3. 钨钛钴类硬质合金主要用于加工_____。

A. 铸铁和有色金属　　B. 碳素钢和合金钢　　C. 不锈钢　　D. 工具钢

4. 半精车 45 钢材料，其刀具断屑槽类型最好为_____。

A. CF　　　　B. CR　　　　C. CM　　　　D. 以上均可

5. 铣削宽度为 100 mm 的平面，切除效率较高的铣刀为_____。

A. 面铣刀　　　B. 槽铣刀　　　C. 端铣刀　　　D. 侧铣刀

三、判断题

1. （　）铣削平面宽度为 80 mm 的工件可使用 100mm 的面铣刀。
2. （　）以硬质合金刀具加工不锈钢材料的切削速度约为中碳钢材料的 3 倍。
3. （　）刀具后角越大，刀具磨损越严重。
4. （　）YG 类硬质合金中数字越大说明其耐磨性越好。
5. （　）自动换刀机床常用的 7∶24 工具锥柄是可以相互替代的。

四、简答题

1. 和普通刀具相比，数控机床刀具应具备什么性能和特点？
2. 数控机床刀具按结构可分为哪几类？有何特点？
3. 常用的数控刀具材料有哪些？分别按硬度和韧性分析其性能。
4. 查阅相关资料，说明公制可转位车刀刀片 CNMG120408ER 的相关尺寸。
5. 查阅相关资料，说明车刀 PCBNR 2020 K12 的适用范围。
6. 选择立铣刀和面铣刀参数时应考虑哪些因素？
7. 简述数控机床刀具系统的分类？镗铣类工具系统有什么特点？
8. 选择加工中心刀柄时应注意哪些问题？
9. 切削液的主要作用有哪些？

五、应用题

1. 参阅相关资料，数控车削图 2-39 所示的零件，材料为 45 钢调质，选择合适的粗、精加工刀具牌号（刀杆牌号，刀片牌号）。

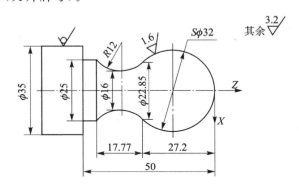

图 2-39　题 5.1 图

2. 参阅相关资料，加工如图 2-40 所示的零件，材料硬铝，要求加工全部表面，选择合适的加工刀具（刀具类型，刀片牌号等）。

3. 查阅相关资料，介绍一种新型的切削液技术（要求：写成论文，不少于 2 000 字，并作出 PPT 课堂讲解）。

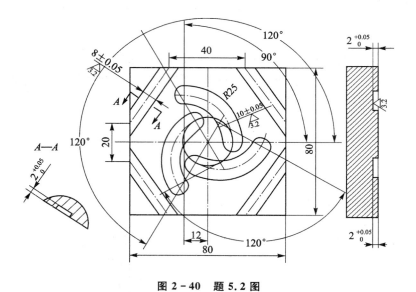

图 2-40 题 5.2 图

第 3 章 数控机床夹具基础

【学习目标】

① 了解数控加工夹具的基本功能。

② 掌握数控加工中工件定位原则以及常用的定位方法。

③ 学会确定数控加工中零件的定位方案并设计相应定位元件。

④ 掌握零件定位误差的计算方法以及减小定位误差的原则。

⑤ 掌握工件夹紧的基本方式。

⑥ 了解数控加工常用的夹具以及组合夹具。

现代自动化生产中,机床夹具是一种必不可缺少的工艺装备,它直接影响着加工的精度、劳动生产率和产品的制造成本等,而数控机床夹具还必须与数控机床高精度、高效率、多工位多方向同时加工、数控程序控制及单件小批生产的特点相适应,因此机床夹具的设计在企业的产品设计和制造以及生产技术准备中占有极其重要的地位。

在机械加工中,使用机床夹具的目的主要有 6 个方面,而在不同的生产条件下,应该有不同的侧重点。夹具设计与使用应该综合考虑加工的技术要求、生产成本和工人操作等方面的要求,以达到预期的效果。

(1) 保证加工精度。用夹具装夹工件时,能稳定地保证加工精度,并减少对其他生产条件的依赖性,故在精密加工中广泛地使用夹具,并且它还是全面质量管理的一个重要环节。

为满足图 3-1 所示异形杠杆零件两轴线间距 (50 ± 0.01) mm 的尺寸的精度要求,设计如图 3-2 所示的车床夹具,图中 3-2O 为夹具中心,其与机床主轴的回转轴线相重合。工件以 $\phi20h7$ 外圆在 V 形块上定位,确定了工件在夹具中的位置,由于 V 形块到中心 O 的位置尺寸为 (50 ± 0.005) mm,故所加工的孔即可达到工序尺寸 (50 ± 0.01) mm 的要求。

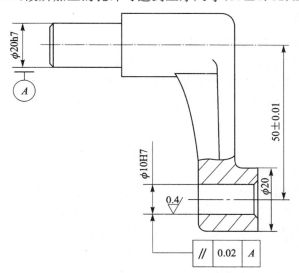

图 3-1 异形杠杆简图   图-2 车床夹具

（2）提高劳动生产率。使用机床夹具能使工件迅速地定位和夹紧，显著地缩短辅助时间和基本时间，提高劳动生产率。

（3）改善工人的劳动条件。用夹具装夹工件方便、省力、安全。当采用气压、液压等夹紧装置时，可减轻工人的劳动强度，保证安全生产。

（4）降低生产成本。在批量生产中使用夹具时，由于劳动生产率的提高和允许使用技术等级较低的工人操作，故可明显地降低生产成本。

（5）保证工艺纪律。在生产过程中使用夹具可确保生产周期、生产调度等工艺秩序。

（6）扩大机床工艺范围。这是在生产条件有限的企业中常用的一种技术改造措施。如在车床上拉削、深孔加工等，也可用夹具装夹以加工较复杂的成形面。

机床夹具的主要功能是装夹工件，使工件在夹具中定位和夹紧。定位是通过工件定位基准面与夹具定位元件的定位面接触或配合使工件在夹具中占有正确的位置。正确的定位可以保证工件加工面的尺寸和位置精度要求。夹紧是工件定位后将其固定，确保在其后的加工过程中保持定位位置不变的操作，夹紧为工件提供了安全、可靠的加工条件。综上所述，定位和夹紧是夹具设计过程中两个至关重要的环节。

3.1　工件的定位

为了达到工件被加工表面的技术要求，必须保证一批工件在首件加工之前直至全部加工完成全过程中的正确位置。而夹具保证加工精度的原理是加工需要满足 3 个条件：工件在夹具中占有正确位置；夹具在机床上占有正确位置；刀具相对夹具的正确位置。显然，工件的定位是其中极为重要的一个环节。

3.1.1　工件定位的基本原理

工件在夹具中定位的任务是使同一批工件在夹具中占据正确的位置。工件的定位是夹具设计中首先解决的问题。

1. 定位与夹紧的关系

定位与夹紧是装夹工件的两个有着密切联系的过程。工件定位后，为了保证其在加工全过程中，在切削力等作用下始终占据既定的正确位置不发生移动，通常还需要将工件紧固。工件的定位与夹紧是不相同的，若认为工件被夹紧，其位置不能移动，就是定位，这种理解是不正确的。但也有些机构能使工件的定位与夹紧同时完成，例如三爪自定心卡盘等。

2. 定位基准

定位基准的选择是定位设计的一个关键问题。工件的定位基准一旦被确定，则其定位方案基本上也被确定了。定位基准通常在制订工艺规程时选定。定位基准可以是工件上的实际表面（轮廓要素面、点或线），也可以是中心要素，如几个何中心、对称中心或对称中心平面。

如下图 3 - 3(a)所示，平面 A 和 B 在支撑元件上定位，以保证工序尺寸 H、h。如图 3 - 3(b)所示，工件以素线 C、F 为定位基准。如图 3 - 3(c)所示，定位基准是两边与 V 形块接触的点 D、E 的几何中心 O。

3．工件的自由度

任何一个尚未定位的自由刚体,在空间直角坐标系(见图 3 - 4)中均有 6 个自由度(见图 3 - 5),即沿空间坐标轴 x、y、z 三个方向的移动和绕此三坐标轴的转动,它们分别用 $\vec{x}$、$\vec{y}$、$\vec{z}$ 和 $\vec{\widehat{x}}$、$\vec{\widehat{y}}$、$\vec{\widehat{z}}$ 表示。这种工件位置的不确定性称为自由度。定位的任务就是消除工件的自由度。

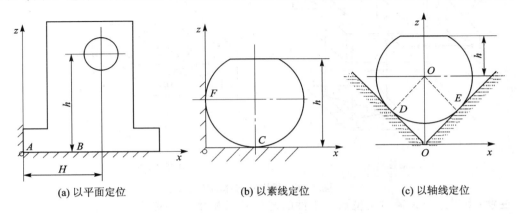

| (a) 以平面定位 | (b) 以素线定位 | (c) 以轴线定位 |

图 3 - 3　定位基准

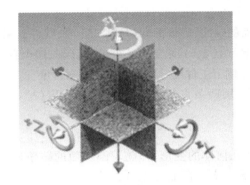

图 3 - 4　空间直角坐标系

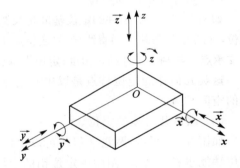

图 3 - 5　工件的 6 个自由度

3.1.2　六点定位规则

1．规则

工件在直角坐标系中有 6 个自由度($\vec{x}$、$\vec{y}$、$\vec{z}$、$\vec{\widehat{x}}$、$\vec{\widehat{y}}$、$\vec{\widehat{z}}$),夹具用合理分布的 6 个支承点限制工件的 6 个自由度,即用一个支承点限制工件的一个自由度的方法,使工件在夹具中的位置完全确定。

2．定位点分布的规律

工件的定位基准是多种多样的,故各种形态的工件的定位支承点分布将会有所不同。下面分析完全定位时几种典型工件的定位支承点分布规律。

(1) 平面几何体的定位。

如图 3 - 6(a)所示,工件以 A、B、C 三个平面为定位基准,其中 A 面最大,设置成三角形布置的 3 个定位支承点 1、2、3,当工件的 A 面与该 3 点接触时,限制 $\vec{z}$、$\vec{\widehat{x}}$、$\vec{\widehat{y}}$ 三个自由度;B 面较狭长,在沿平行于 A 面方向设置两个定位支承点 4、5,当侧面 B 与该两点相接触时,即限制 $\vec{x}$、

$\vec{z}$；在最小的平面C上设置一个定位支承点6，限制$\vec{y}$一个自由度。用图3-6(b)设置的6个定位支承点可使工件完全定位。

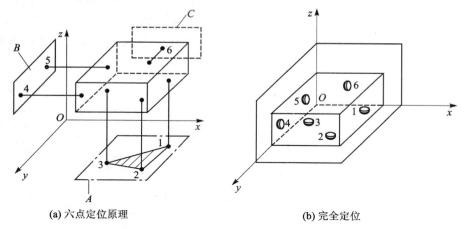

(a) 六点定位原理　　　　　　　　　　(b) 完全定位

图3-6　平面几何体的定位

注意：由于定位是通过定位点与工件的定位基面相接触来实现的，因此，如两者一旦相脱离，定位作用就自然消失了。

（2）圆柱几何体的定位。

如图3-7所示，工件的定位基准是长圆柱面的轴线、后端面和键槽侧面。长圆柱面采用中心定位，外圆与V形块呈两直线接触（定位点1、2，定位点4、5），限制了工件的$\vec{z}$、$\vec{x}$、$\vec{z}$、四个自由度；定位支承点3限制了工件的自由度；定位支承点6限制了工件绕y轴回转方向的自由度$\vec{y}$。

这类几何体的定位特点是以中心定位为主，用两条直（素）线接触作"四点定位"，以确定轴线的空间位置。

（3）圆盘几何体的定位。

如图3-8所示，圆盘几何体可以视作圆柱几何体的变形，即随着圆柱面的缩短，圆柱面的定位功能也相应减少，图中由定位销的定位支承点5、6限制了工件的$\vec{y}$、$\vec{z}$两个自由度；相反，几何体的端面则上升为主要定位基准，由定位支承点1、2、3限制了工件的$\vec{x}$、$\vec{y}$、$\vec{z}$、自由度；防转支承点4限制了工件的$\vec{x}$由度。

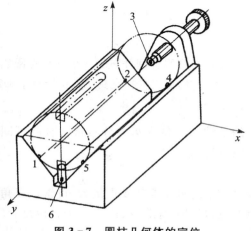

图3-7　圆柱几何体的定位

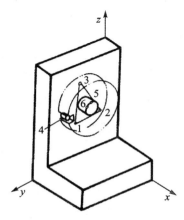

图3-8　圆盘几何体的定位

通过上述 3 种典型定位示例的分析,说明了六点定位规则的几个主要问题如下。

① 定位支承点的合理分布主要取决于定位基准的形状和位置,定位支承点的分布是不能随意组合的。

② 工件的定位是工件以定位面与夹具的定位元件的工作面保持接触或配合实现的。一旦工件定位面与定位元件工作面脱离接触或配合,就丧失了定位作用。

③ 工件定位以后,还要用夹紧装置将工件紧固,因此要区分定位与夹紧的不同概念。

④ 定位支承点所限制的自由度名称通常可按定位接触处的形态确定,其特点可见表 3-1。

表 3-1　典型单一定位基准的定位特点

定位接触形态	限制自由度数	自由度类别	特　点
长圆锥面接触	5	3 个沿坐标轴方向的移动自由度 2 个绕坐标轴方向的转动自由度	可作主要定位基准
长圆柱面接触	4	2 个沿坐标轴方向的移动自由度 2 个绕坐标轴方向的转动自由度	
大平面接触	3	1 个沿坐标轴方向的移动自由度 2 个绕坐标轴方向的转动自由度	
短锥柱面接触	3	3 个沿坐标轴方向的移动自由度	不可作主要定位基准,只能与主要定位基准组合定位
短圆柱面接触	2	2 个沿坐标轴方向的移动自由度	
线接触	2	1 个沿坐标轴方向的移动自由度 1 个绕坐标轴方向的转动自由度	
点接触	1	1 个沿坐标轴方向的移动自由度 或绕坐标轴方向的转动自由度	

3.1.3　工件定位中的几种情况

工件在夹具中可能出现的定位形式有完全定位、不完全定位、欠定位和过定位 4 种情况,具体如下。

1. 完全定位

工件的 6 个自由度全部被限制的定位,称为完全定位,如图 3-9 所示。完全定位适合较复杂工件的机械加工。

2. 不完全定位

定位时限制的自由度少于 6 个,则为不完全定位,如图 3-10 所示。它们在保证加工要求的条件下,仅限制了工件的部分自由度。

3. 欠定位

欠定位是一种定位不足而影响加工的现象,也就是说,工序中加工要求必须限制的自由度没有被全部限制。如图 3-11 所示的工件台阶的铣削,若不设置图 3-11(b)中的挡铁,则工件沿 x 轴的移动自由度 $\vec{x}$ 和绕 z 轴的旋转自由度就不能得到限制,也就无法保证尺寸 B,因此任何时候都不允许欠定位情况的出现。

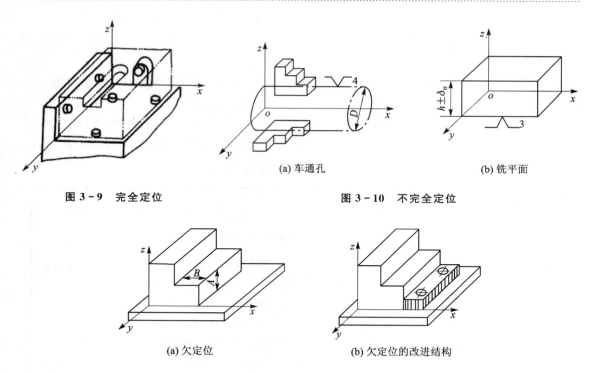

(a) 车通孔　　　　　　　　　　(b) 铣平面

图 3－9　完全定位　　　　　　　图 3－10　不完全定位

(a) 欠定位　　　　　　　　　　(b) 欠定位的改进结构

图 3－11　过定位及其消除方法

4. 过定位

过定位是指定位时工件的同一自由度被数个定位元件重复限制的情况。工件的过定位如果处理不当,会造成工件定位的不稳定,严重时会引起定位干涉,造成工件或定位元件变形,甚至无法安装。如图 3－12(a)所示,在插齿机上加工齿轮时,心轴限制了工件 $\vec{x}$、$\vec{y}$、$\hat{x}$、$\hat{y}$ 四个自由度,支撑凸台限制了工件的 $\vec{z}$、$\hat{x}$、$\hat{y}$ 三个自由度,重复限制了 $\hat{x}$、$\hat{y}$ 两个自由度。但由于已经在工艺上规定了定位基准之间的位置精度(垂直度),保留过定位,故在实际加工过程中过定位的干涉已不明显,如图 3－12(b)所示。

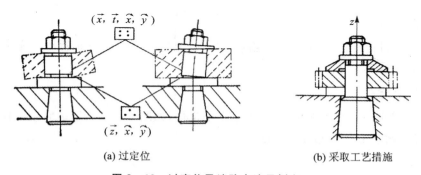

(a) 过定位　　　　　　　　　　(b) 采取工艺措施

图 3－12　过定位及消除方法示例之一

通常可采取下列措施来消除过定位。

① 减小接触面积。如图 3－13(b)所示,将大端面定位改为小端面,减去引起过定位的自由度 $\vec{x}$、$\vec{y}$。

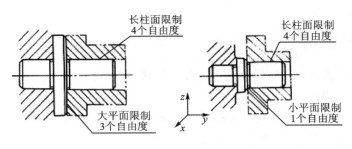

(a) 过定位　　　　　　　　　(b) 改大平面为小平面

图 3 - 13　过定位及消除方法示例之二

② 修改定位元件形状,以减少定位支承点。如图 3 - 14 所示,将圆柱定位销改为菱形销,使定位销的干涉部位(y 方向)不接触,减去了引起过定位的自由度 $\vec{y}$。

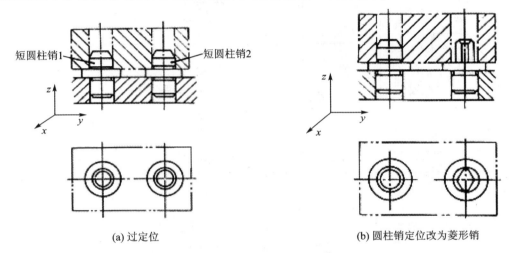

(a) 过定位　　　　　　　　　(b) 圆柱销定位改为菱形销

图 3 - 14　过定位及消除方法示例之三

③ 缩短圆柱面的接触长度或设法使定位的定位元件在干涉方向上能浮动,以减少实际支承点数目。如图 3 - 15(a)所示,将长圆柱定位心轴改为短圆柱定位心轴,减少了引起过定位的两个转动自由度 $\vec{x}$、$\vec{z}$;如图 3 - 15(b)所示,将定位端面改为球面垫圈消除了两个引起过定位的转动自由度 $\vec{x}$、$\vec{z}$。

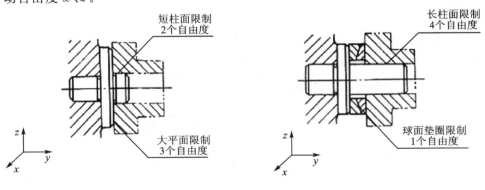

(a) 长销改短销　　　　　　　(b) 固定支撑改浮动支撑

图 3 - 15　过定位及消除方法示例之四

④ 拆除过定位元件。

3.1.4 常用定位元件限制的自由度

在定位时,起定位支承点作用的是一定几何形状的定位元件。表 3 - 2 所示为常用定位元件能限制的工作自由度。

表 3 - 2 常用定位元件能限制的工件自由度

定位基准	定位元件	定位方式简图	限制的自由度
大平面	支承钉		$\vec{z}$、$\vec{x}$、$\vec{y}$
	支承板		$\vec{z}$、$\vec{x}$、$\vec{y}$
定位基准	定位元件	定位方式简图	限制的自由度
圆孔	短销（短心轴）		$\vec{x}$、$\vec{y}$
	长销（长心轴）		$\vec{x}$、$\vec{y}$、$\vec{x}$、$\vec{y}$
	单锥销		$\vec{x}$、$\vec{y}$、$\vec{z}$
	1. 固定销 2. 活动销		$\vec{x}$、$\vec{y}$、$\vec{z}$ $\vec{x}$、$\vec{y}$

定位基准	定位元件	定位方式简图	限制的自由度
圆柱面	窄 V 形块		$\vec{x}$、$\vec{z}$
	长 A 形块或两窄 V 形块		$\vec{x}$、$\vec{z}$ $\vec{x'}$、$\vec{z'}$
	固定式长套		$\vec{x}$、$\vec{z}$ $\vec{x'}$、$\vec{z'}$
	长圆锥面		$\vec{x}$、$\vec{y}$、$\vec{z}$、$\vec{x'}$、$\vec{z'}$
	三爪自定心卡盘		$\vec{x}$、$\vec{z}$、$\vec{x'}$、$\vec{z'}$

定位基准	定位元件	定位方式简图	限制的自由度
两中心孔	固定顶尖		$\vec{x}$、$\vec{y}$、$\vec{z}$
	活动顶尖		$\vec{x'}$、$\vec{y'}$
短外圆与中心孔	三爪自定心卡盘		$\vec{y}$、$\vec{z}$
	活动顶尖		$\vec{x'}$、$\vec{z'}$

定位基准	定位元件	定位方式简图	限制的自由度
大平面与两外圆弧面	支承板	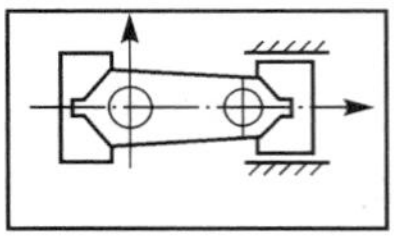	$\vec{y}$、$\hat{x}$、$\hat{z}$
	短固定式 V 形块		$\vec{x}$、$\vec{z}$
	短活动式 V 形块		$\vec{y}$
大平面与两圆柱孔	支承板	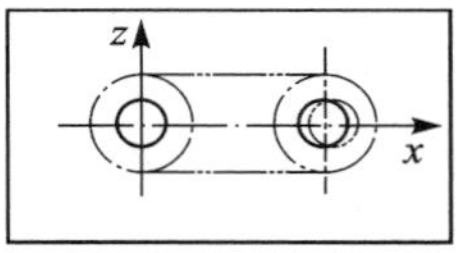	$\vec{y}$、$\hat{x}$、$\hat{z}$
	短圆柱定位销		$\vec{x}$、$\vec{z}$
	短菱形定位销		$\vec{y}$
长圆柱孔与其他	固定式心轴	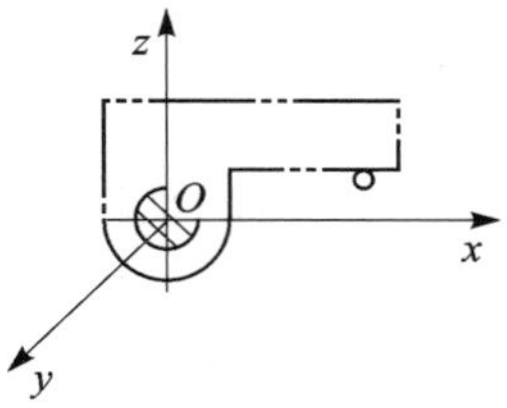	$\vec{x}$、$\vec{z}$、$\hat{x}$、$\hat{z}$
	挡销		$\vec{y}$
大平面与短锥孔	支承板	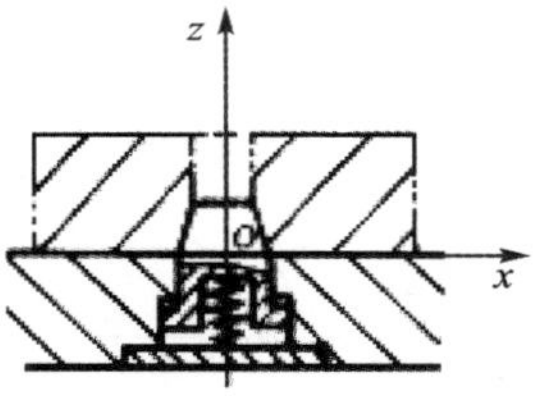	$\vec{z}$、$\hat{x}$、$\hat{y}$
	行动锥销		$\vec{x}$、$\vec{y}$

3.2 定位元件设计

定位元件设计包括定位元件的结构、形状、尺寸及布置形式等。工件的定位设计主要决定于工件的加工要求和工件定位基准的形状、尺寸、精度等因素,故在定位设计时要注意分析定位基准的形态。

3.2.1 工件以平面定位

在机械加工中,大多数工件都以平面作为主要定位基准,如箱体、机体、支架、圆盘等零件。当要件进入第一道工序时,只能使用粗基准定位;在后续工序中,则应使用精基准定位。

(1) 粗基准平面,通常是指锻、铸后经清理的毛坯平面,表面较粗糙且有较大平面度误差。如图 3－16(a)所示,当此面与定位支承平面接触时,必为随机分布的 3 个不共线的点。为了控制这 3 个点的位置,通常要采用呈点接触的定位元件,以获得较圆满的定位如图 3－16(b)所示。粗基准面常用的定位元件有支承钉、浮动支承和调节支承等。

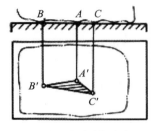 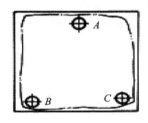

(a) 支承点的随机分布　　　　　　　(b) 合理的方法

图 3 – 16　粗基准平面定位的特点

（2）精基准平面，通常是指经铣削、磨削、刮削等机械加工手段切削加工后的平面，此类平面具有较小的表面粗糙度值和平面度误差，故可获得较精确的定位。常用的定位元件有支承板和平头支承钉精基准面定位示例如图 3 – 17 所示。

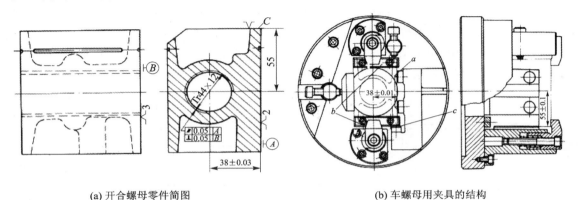

(a) 开合螺母零件简图　　　　　　　(b) 车螺母用夹具的结构

图 3 – 17　精基准面定位示例

1. 主要支承

主要支承用来限制工件的自由度，起定位作用。常用的元件有固定支承、自位支承和可调支承 3 种。

（1）固定支承。

固定支承有支承钉和支承板两种形式，其结构合尺寸均已标准化。

① 支承钉。

一个支承钉相当于一个支承点，可限制工件一个自由度。图 3 – 18 所示为 3 种标准支承钉。

A 型平头支承钉多用于工件以精基准定位。使用几个 A 型支承钉时，装配后应磨平工作表面，以保证等高性。

B 型球头支承钉适用于工件以粗基准定位，可减少接触面积，以便与粗基准有稳定的接触。球头支承钉较易磨损而失去精度。

C 型齿纹支承钉能增大接触面间的摩擦力，但落入齿纹中的切屑不易清除，故多用于侧面和顶面定位。

支承钉与夹具孔的配合为 H7/r6 或 H7/n6。当支承钉需经常更换时可加衬套，其外径与夹具体孔的配合亦为 H7/r6 或 H7/n6，内径与支承钉的配合为 H7/js6。

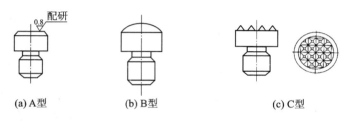

图 3－18　支承钉（GB/T8029.2－1999）

② 支承板。

支承板适用于工件以精基准定位的场合。当工件以大平面与一大(宽)支承板相接触定位时,该支承板相当于 3 个不在一条直线上的支承点,可限制工件 3 个自由度。一个窄支承板相当于两个支承点,可限制工件的两个自由度。

支承板用螺钉紧固在夹具体上。当受力较大或支承板有移动趋势时,应增加圆锥销或将支承板嵌入夹具体槽内。采用两个以上支承板定位时,装配后应磨平工作表面,以保证等高性。图 3－19 所示为两种标准的支承板。其中:A 型支承板结构简单、紧凑,但切屑容易落入螺钉头周围的缝隙中,不易清除,故多用于侧面和顶面的定位;B 型支承板在工作面上有 45o 的斜槽,且能保持与工件定位基准面连续接触,清除切屑方便,故多用于底面定位。

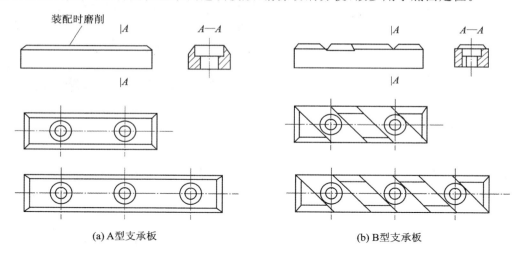

图 3－19　支承板（GB/T8029.2－1999）

(2)自位支承(浮动支承)。

自位支承是在工件定位过程中,能随工件定位基准面的位置变化而自动与之相适应的多点接触的浮动支承,其作用仍然相当于一个定位支承点,限制工件的一个自由度,适用于粗基准定位或工件刚度不足的定位情况,如图 3－20 所示。其中,图 3－20(a)和图 3－20(b)所示为 2 点浮动,图 3－20(c)所示为 3 点浮动。

(3)可调支承。

可调支承用于在工件定位过程中,支承钉的高度需要调整的的场合,一个可调支承限制工件的一个自由度。如图 3－21 所示,图 3－21(a)所示的可调支承可用手直接调节,适用于支承小型工件;图 3－21(b)所示的可调支承具有衬套,可防止磨损夹具体。图 3－21(b)和图 3－21

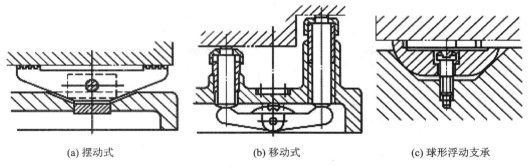

(a) 摆动式　　　　　　　(b) 移动式　　　　　　(c) 球形浮动支承

图 3-20　浮动支承

(c)所示的支承需用扳手调节,这两种可调支承适用于支承较重的工件。

(a) 圆柱头调节支承　　　(b) 六角头调节支承　　　(c) 调节支承

图 3-21 可调节的支承

注意:可调支承在一批工作加工之前做一次调整,在同一批工件加工中,其位置保持不变,故可调支承在调整后必须用锁紧螺母锁紧。

2. 辅助支承

在工件定位时,不限制工件自由度、用于辅助定位的支承称为辅助支承。

生产中,由于工件形状以及夹紧力、切削力、工件重力等原因可能使工件在定位后会产生变形或定位不稳定,因此为了提高工件的装夹刚性和稳定性,常需设置辅助支承,如图 3-22 所示。

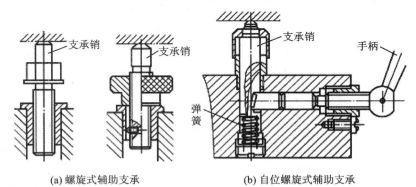

(a) 螺旋式辅助支承　　　　　　(b) 自位螺旋式辅助支承

图 3-22　辅助支承

如图 2-23 所示,工件以内孔、端面及右后面定位钻小孔。若右端不设支承,工件装夹好后,右边悬空,刚性差。若在 A 处设置固定支承,属重复定位有可能破坏左端的定位。若在 A 处设置辅助支承,则能增加工件的装夹刚性。

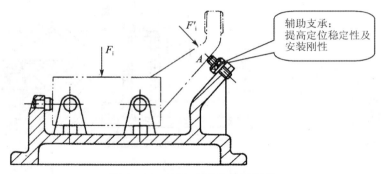

图 3 - 23　辅助支承的应用示例

注意:辅助支承不限制工件自由度,只起提高工件刚性的辅助作用,故决不能允许它破坏基本支承应起的定位作用,因此,使用辅助支承时需等工件定位夹紧后再调整高度,使其与工件的有关表面接触并锁紧;使用完毕需放松支承,待工件重新定位后再支撑。

3.2.2　工件以圆柱内孔定位

1. 工件以圆柱孔定位的特点

工件以圆柱孔定位是一种中心定位。定位面为圆柱孔,定位基准为中心轴线(中心要素),故通常要求内孔基准面有较高的精度。工件中心定位的方法是用定位销、定位插销、定位轴和心轴等与孔的配合实现的。有时采用自动定心定位。粗基准内孔定位很少采用。

2. 工件以精基准孔定位

(1)圆柱定位销(圆柱销)。

圆柱销的结构和尺寸已标准化,不同直径的定位销有其相应的结构形式,可根据工件定位内孔的直径选用。其工作表面的直径尺寸与相应工件定位孔的基本尺寸相同,精度可根据工件的加工精度、定位孔的精度和工件装卸的方便,按 g5、g6、f6、f7 制造。与夹具体配合为 H7/r6 或 H7/n6,衬套外径与夹具体配合为 H7/h6,其内径与定位销配合为 H7/h6 或 H7/h5。当采用工件上孔与端面组合定位时,应该加上支承垫板或支承垫圈。

图 3 - 24(a)~图 3 - 24(c)所示是固定式定位销,可直接用过盈配合装配在夹具体上,当定位销的工作表面直径 $d>3\sim10$ mm 时,为增加强度,避免定位销因撞击而折断或热处理时淬裂,通常采用图 3 - 24(a)的形式。图 3 - 24(d)所示为可换定位销,便于定位销磨损后进行更换,用于大批量生产中。为便于工件的顺利装入,定位销的头部应有15°倒角。

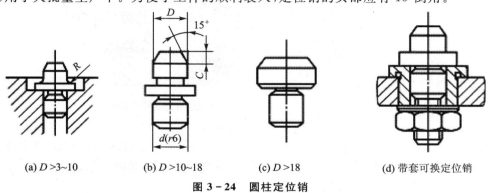

| (a) $D>3\sim10$ | (b) $D>10\sim18$ | (c) $D>18$ | (d) 带套可换定位销 |

图 3 - 24　圆柱定位销

（2）圆锥定位销（圆锥销）。

单个圆锥销限制工件的 3 个移动自由度。图 3-25(a)所示的结构用于未经加工的孔定位；图 3-25(b)所示的结构用于已加工孔的定位；图 3-25(c)所示形式为浮动圆锥销，用于工件需平面和圆孔同时定位的情况。

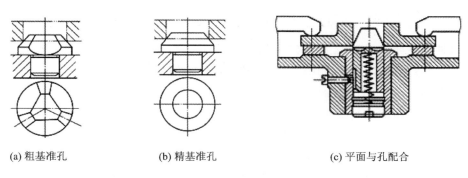

(a) 粗基准孔　　　　　(b) 精基准孔　　　　　(c) 平面与孔配合

图 3-25　圆锥定位销

3. 心轴

常用的心轴有圆柱心轴和小锥度心轴。图 3-26 所示为常用心轴的结构形式，它主要用于套类、盘类零件的车削、磨削和齿轮加工中。为了便于夹紧和减小工件因间隙造成的倾斜，常以孔和端面联合定位。因此，工件定位内孔与基准端面应有较高的垂直度。

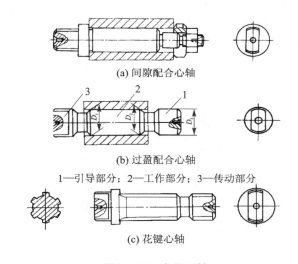

(a) 间隙配合心轴

1—引导部分；2—工作部分；3—传动部分

(b) 过盈配合心轴

(c) 花键心轴

图 3-26　定位心轴

图 3-26(a)所示为间隙配合心轴，工件常以内孔和端面组合定位。心轴限制工件的 4 个自由度，心轴的小台肩端面限制工件的 1 个自由度，夹紧方式采用垫圈螺母进行端面压紧。心轴工作部分按基孔制 h6、g6 或 f7 制造。装卸工件较方便，但定心精度不高。

图 2-26(b)所示为过盈配合心轴，引导部分直径 D_3 按 e8 制造，其基本尺寸为基准孔的最小极限尺寸，其长度约为基准孔长度的一半。工作部分直径按 r6 制造，其基本尺寸为基准孔的最大极限尺寸。当工件基准孔的长径比 $L/D > 1$ 时，心轴的工作部分应稍带锥度，直径 D_1 按 r6 制造，其基本尺寸为孔的最大极限尺寸；直径 D_2 按 r6 制造，其基本尺寸为基准孔的

最小极限尺寸。心轴上的凹槽供车削工件端面时退刀用。这种心轴制造简便,定心准确,但装卸工件不便,且易损伤工件定位孔。该心轴多用于定心精度要求较高的场合,适于工件定位精度不低于 IT7 的精车和磨削加工,不能加工端面。

图 3-26(c)为花键心轴,用于以花键孔定位的工件。

3.2.3　工件以外圆定位时的定位元件

工件以外圆柱面定位时,工件的定位基准为中心要素,最常用的定位元件有 V 形块、定位套、半圆套等,它们常用作中心定位。有时采用自动定心定位。

1. V 形块

V 形块工作面间的夹角常取 60°、90°和 120°3 种,其中 90°夹角的 V 形块用的最多。90°V 形块的典型结构和尺寸已标准化,使用时可根据定位圆柱面的长度和直径进行选择。

V 形块结构有多种形式,图 3-27(a)所示用于较短的经过加工的外圆面定位;图 3-27(b)所示用于较长的未经加工的圆柱面定位;图 3-27(c)用于较长的加工过的圆柱面定位;图 3-27(d)所示用于工件较长、直径较大的重型工件的圆柱面定位,这种 V 形块一般做成在铸铁底座上镶淬硬支承板或硬质合金板的结构形式。

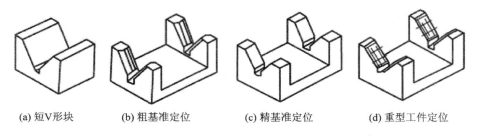

(a) 短V形块　　(b) 粗基准定位　　(c) 精基准定位　　(d) 重型工件定位

图 3-27　V 形块结构形式

V 形块的特点:对中性好,能使工件的定位基准轴线在 V 形块两斜面的对称平面上,而不受定位基准直径误差的影响,并且安装方便。V 形块可用于粗、精基准。

夹具中常用的 V 形定位块有固定和活动两种安装方式。在图 3-38 所示的夹具中,固定式 V 形块起主要定位作用,它用两个螺钉和两个销钉固定安装在夹具体上,装配时一般是将 V 形块位置精确调整好,拧上螺钉,再按 V 形块上销孔的位置与夹具体一同配钻、配铰,然后打入销钉;活动式 V 形块一般除作定位用外,还可兼作夹紧元件,它定位时限制的自由度与固定安装的 V 形块是不同的。

2. 定位套

工件定位的外圆的直径较小时,可用定位套作定位元件,如图 3-29 所示。套在夹具体上的安装可用螺钉紧固(见图 3-29a)或用过盈配合(见图 3-29b)。套的内孔轴线应与工件轴线重合,故只用于精基准定位,且要求工件定位轴径公差等级不低于 IT8~IT7,表面粗糙度不小于 Ra0.8 μm 为了限制工件的自由度,常与端面联合定位,这样就要求定位套的端面与其孔轴线具有较高的垂直度。

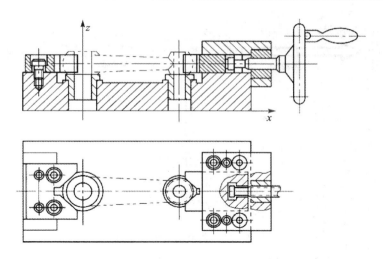

图 3 - 28　活动式和固定式 V 形块的应用

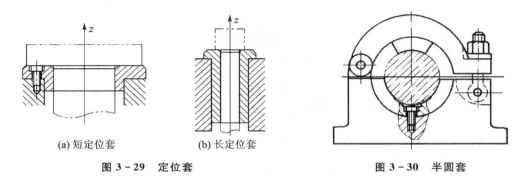

(a) 短定位套　　　　(b) 长定位套

图 3 - 29　定位套　　　　　　　　图 3 - 30　半圆套

3. 半圆套

工件在半圆套中的定位如图 3 - 30 所示,半圆套的定位面置于工件的下方。这种定位方式类似于 V 形块,常用于大型轴类工件的精基准定位中,其稳固性比 V 形块更好,定位精度取决于定位基面的精度。通常工件轴颈精度一般不低于 IT8～IT7,表面粗糙度值为 Ra0.8～Ra0.4 μm。半圆孔定位主要用于不适宜用孔定位的大型轴类工件,如曲轴、蜗轮轴等。

3.2.4　工件的组合表面定位方式

当工件以单一表面定位不能满足所需限制的自由度时,常以组合表面来定位。

1. 孔与端面组合定位

对于套筒套零件在以内孔定位加工外部结构尺寸时,常会用到孔与端面组合定位的形式,此时应注意端面与定位心轴的正确配合,防止过定位的产生,如图 3 - 31 所示。

如果需过定位的存在来增加系统刚性和稳定性,则需在工艺上规定定位基准之间的位置精度,消除或降低过定位对加工的影响。如图 3 - 32 所示,在插齿机上加工齿轮时,采用了平面与孔的组合定位,心轴 2 限制了工件的 $\vec{x}$、$\vec{y}$、$\hat{x}$、$\hat{y}$ 四个自由度,支承凸台 1 限制了工件的 $\vec{z}$、$\hat{x}$、$\hat{y}$ 三个自由度,其中重复限制了 $\hat{x}$、$\hat{y}$ 两个自由度,但由于已经在工艺上规定了定位基准之间的位置精度(垂直度),保留过定位,故过定位的干涉在实际加工中已不明显。

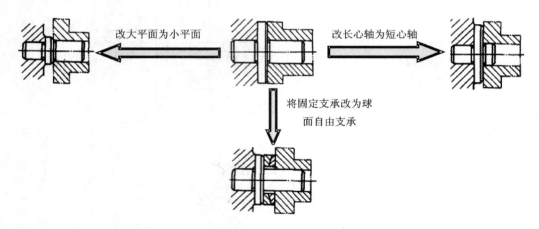

图 3-31 孔与端面组合定位

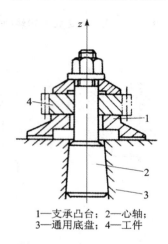

1—支承凸台；2—心轴；
3—通用底盘；4—工件

图 3-32 组合定位加工齿轮

2. 外圆面与中心孔的组合定位

中心孔是轴类零件的辅助基准,应用极为广泛,如图 3-33 所示。图 3-33 中的两顶尖可限制工件的 $\vec{x}$、$\vec{y}$、$\vec{z}$、$\vec{y}$、$\vec{z}$ 五个自由度,如图 3-33(a)所示为通用的顶尖,定心精度较高;图 3-33(b)所示的主轴箱的顶尖为外拨顶尖,其功用与通用顶尖相同。

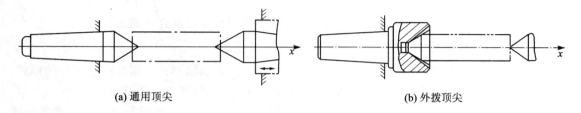

(a) 通用顶尖

(b) 外拨顶尖

图 3-33 顶尖的组合

3. 工件以一面二孔定位的组合定位

在加工箱体、杠杆、盖板和支架等工件时,工件常以两个互相平行的孔及与两孔轴线垂直的大平面为定位基准面。如图 3 - 34 所示,所用的定位元件为一支承板,它限制了工件的 $\vec{z}$、$\vec{x}$、$\vec{y}$ 三个自由度;短圆柱销 1 限制了工件的 $\vec{x}$、$\vec{y}$ 两个移动自由度,菱形销 2(或称削边销)可限制工件绕圆柱销转动的一个自由度($\vec{z}$)。

　　注意:菱形销作为防转支承,其布置应使长轴方向与两销的中心连线相垂直。

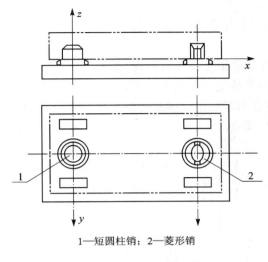

1—短圆柱销;2—菱形销

图 3 - 34　双孔一面定位

3.2.5　定位误差的分析与计算

1. 工件在夹具中加工时误差的组成

　　使用夹具时,造成表面位置的加工误差包括下列 4 方面。

　　(1) Δ_A:夹具位置误差,即定位元件相对机床的切削成形运动的位置误差。它包括 Δ_{A1} 和 Δ_{A2},其中,Δ_{A1} 为定位元件定位面对夹具体基面的误差,Δ_{A2} 为夹具的安装连接误差。

　　(2) Δ_D:定位误差,即由定位引起的工序基准的位置误差。

　　(3) Δ_T:刀具相对夹具的位置误差,即对刀导向误差。

　　(4) Δ_G:与加工过程中一些因素有关的加工误差;包括机床误差、刀具误差以及工艺系统的受力变形(如夹紧误差)、热变形、磨损等因素造成的加工误差。

　　为了保证工件的加工要求,上述误差合成不应超出工件的加工公差 δ_k,即:

$$\Delta_D + \Delta_A + \Delta_T + \Delta_G < \delta_k \tag{3-1}$$

上述误差不等式中与夹具有关的误差是 Δ_G、Δ_A、Δ_T 三项,在此重点讨论与工件在夹具中定位有关的误差 Δ_D。

2. 定位误差及其产生的原因

　　在前述内容中讨论了根据工件的加工要求,确定工件应被限制的自由度,以及根据工件定位面的情况选择合适的定位元件等问题,还没讨论是否能满足工件加工精度的要求。要解决这一问题,需要通过工件定位误差的分析和计算来判断。如果工件的定位误差不大于工件加工尺寸公差值的 1/3,即 $\Delta_D \leqslant \delta_k/3$,则一般认为该定位方案能满足本工序加工精度的要求。

　　(1) 定位误差的定义。由定位引起的同一批工件的工序基准在加工尺寸方向上的最大变动量称为定位误差,以 Δ_D 表示。定位误差研究的主要对象是工件的工序基准和定位基准。工序基准的变动量将影响工件的尺寸精度和位置精度。

（2）定位误差产生的原因。造成定位误差的原因有两种:定位基准与工序基准不重合以及定位基准的位移误差。

① 基准不重全误差 Δ_B。

由于工件的工序基准与定位基准不重合而造成的加工误差称为基准不重合误差,用 Δ_B 表示。

如图 3-35 所示,工件以底面定位铣台阶面,要求保证尺寸 a,工序基准为工件顶面,定位基准为底面,这时刀具的位置按定位面到刀具端面间的距离(调整尺寸)调整,由于一批工件中尺寸 b 图 3-35 基准不重合引起的定位误差的公差使工件顶面(工序基准)位置在一范围内变动,从而使加工尺寸 a 产生误差。

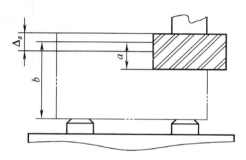

图 3-35　基准不重合引起的定位误差

当基准不重合误差受多个尺寸影响时,应将其在工序尺寸方向上合成。

基准不重合误差的一般计算式为:

$$\Delta_B = \sum_i^n T_i \cos\beta \qquad (3-2)$$

式中:T_i 为定位基准与工序基准间的尺寸链组成环的公差(mm);β 为 T_i 方向与加工尺寸方向间的平角(°)。

② 基准位移误差 Δ_Y。

由于定位副制造不准确,使定位基准在加工尺寸方向上产生位移,导致各个工件的位置不一致而造成的加工误差,称为基准位移误差,用 Δ_Y 表示。不同的定位方式其误差的计算方法也不同。

图 3-36(a)所示是圆套铣键槽的工序简图,工序尺寸为 A 和 B。图 3-36(b)所示是加工示意图,工件以内孔 D 在圆柱心轴上定位,O 是心轴中心(限位基准),O_1 是工件定位孔的中心(定位基准),C 是对刀尺寸。

分析:尺寸 A 的工序基准是内孔轴线,定位基准也是内孔轴线,两者重合,$\Delta_B = 0$。加工时刀具的位置是按心轴中心(限位基准)位置来调整的,且调整好位置后在加工一批工件过程中不再变动。由于工件内孔与心轴均有制造公差,并且它们中间存在配合间隙,使得定位基准(工件内孔轴线)的位置与限位基准(心轴轴线)不能重合,并在一定范围内变动。由图 3-36(b)可知,一批工件定位基准的最大变动量应为:

$$\Delta_i = A_{max} - A_{min} = \frac{D_{max} - d_{min}}{2} = \frac{D_{min} - d_{max}}{2} = \frac{T_D + T_d}{2}$$

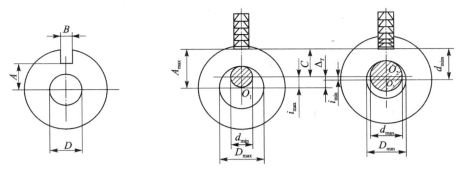

(a) 圆套铣键槽的工序简图　　　　　　(b) 加工示意图

图 3-36　基准位移误差

式中：Δ_i 为一批工件定位基准的最大变动量，也是工序尺寸 A 的变动量；T_D 为工件定位直径公差；T_d 为定位心轴直径公差。

上述定位基准的位置变动会造成工序尺寸 A 的大小不一，产生误差，其大小等于因定位基准与限位基准不重合所造成的工序尺寸的最大变动量。对此例来说：

$$\Delta_Y = \Delta_i = \frac{T_D + T_d}{2}$$

如果定位基准的变动方向与工序尺寸的方向不同，则基准位移误差等于定位基准的变动量在工序尺寸方向的投影。

3．常见定位方式的定位误差计算

（1）工件以平面定位时定位误差的计算。

工件以平面定位时，由于定位副容易制造得准确，可视 $\Delta_Y = 0$；若工件以粗基准定位，则工序尺寸的公差值很大（$>\Delta_Y$），也可视 $\Delta_Y = 0$，故只计算 Δ_B 即可。

例 3-1　按图 3-37 所示的定位方案铣工件上的台阶面，试分析和计算工序尺寸（20 ± 0.15）mm 的定位误差，并判断这一方案是否可行。

解：由于工件以面 B 为定位基准，而加工尺寸（20 ± 0.15）mm 的工序基准为面 A，两者不重合，所以存在基准不重合误差。工序基准和定位基准之间的联系尺寸是（40 ± 0.14 mm），因此基准不重合误差为：$\Delta_B = T_{40} = 0.28$ mm

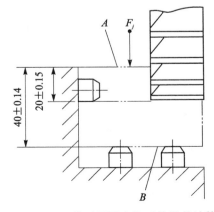

图 3-37　工件以平面定位时的误差计算

因为工件以平面定位,定位副制造容易,故不考虑定位副的制造误差,即 $\Delta_Y = 0$。故有：

$$\Delta_D = \Delta_B = 0.28 \text{ mm} > \left(\frac{1}{3} \times 0.3\right) \text{ mm} = 0.1 \text{ mm}$$

结论：由计算可知定位误差大于尺寸公差的范围值,故此定位方案不可行。

(2) 工件以内孔在心轴(或圆柱销)上定位时定位误差的计算。

工件以内孔作为定位基准时的定位误差,与工件内孔的制造精度、定位元件的放置形式、定位基面与限位基面的配合性质以及工序基准与定位基准是否重合等因素有关。

① 心轴水平放置。

心轴水平放置时,因工件自身重力的作用,工件与心轴的接触为固定边接触,即工件内孔上母线与心轴上母线接触,定位基准的位移方向总是向下,其位移量为 $X_{\min}/2$($X_{\min}$ 为孔和心轴之间的最小配合间隙)。因此,在加工前,应预先将刀具向下调低 $X_{\min}/2$,这时最小配合间隙 $X_{\min}$ 不影响定位精度,又因孔中心定位,故 $\Delta_B = 0$,所以基准位移误差为：

$$\Delta_D = \Delta_Y = \frac{D_{\max} - D_{\min}}{2} - \frac{d_{\max} - d_{\min}}{2} = \frac{T_D + T_d}{2} \qquad (3-3)$$

② 心轴竖直放置。

心轴竖直放置时,工件内孔与心轴是任意边接触,即定位基准的位移可在任意方向。因此,工件内孔与心轴之间的最小配合间隙影响了定位精度,基准位移误差为：

$$\Delta_D = \Delta_Y = D_{\max} - d_{\min} = T_D + T_d + X_{\min} \qquad (3-4)$$

注意：

● 凡能预知心轴与孔接触方式的定位,都能用式(3-3)或式(3-4)计算基准位移误差；

● 当采用弹性可涨心轴为定位元件或心轴与孔定位配合为过盈配合时,则定位元件与定位基准之间无相对位移,因此基准位移误差为零。

例 3-2 图 3-38 所示是在金刚镗床上镗活塞销孔示意图,活塞销孔轴线对活塞裙部内孔轴线的对称度要求为 0.2 mm。现以裙部内孔及端面定位,内孔与定位销的配合为,$\phi 95 \dfrac{\text{H7}}{\text{g6}}$,求对称度的定位误差。解：查表知

$$\phi 95 \text{H7} = \phi 95^{+0.035}_{0} \text{ mm}$$

$$\phi 95 \text{g6} = \phi 95^{-0.012}_{-0.034} \text{ mm}$$

① 对称度的工序基准是裙部内孔轴线,定位基准也是裙部内孔轴线,两者重合,$\Delta_B = 0$。

② 定位基准与限位基准不重合,定位基准可任意方向移动,但基准位移误差的大小应为定位基准变动范围在对称度方向上的投影,所以,

$$\Delta_D = \Delta_Y = T_D + T_d + x_{\min}$$
$$= 0.035 + 0.022 + 0.012$$
$$= 0.069 \text{ mm}$$

结论：此例经计算可知对称度的定位误差为 0.069 mm。

(3) 工件以外圆柱面定位时定位误差的计算。

工件以外圆定位时,常见的定位元件为各种定位套、支承板和 V 形块等。定位套定位和支承板定位时的误差分析与内孔定位相似。下面分析工件以外圆在 V 形块上定位时的定位误差。

工件以外圆柱面在 V 形块上定位属于定心定位,定位基准为工件中心线,定位基准面为

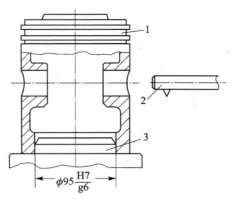

1—工件；2—镗刀；3—定位销

图 3-38　镗活塞销销孔示意图

工件外圆中心线，如图 3-39 所示。分析：如不考虑 V 形块的制造误差，由于 V 形块具有对中性好的特点，因此，工件在垂直于 V 形块对称面方向上的基准位移误差为零，而在 V 形块对称面方向上的基准位移误差均为：

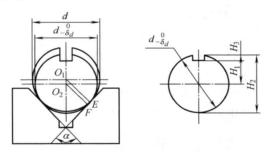

图 3-39　V 形块上定心定位的误差分析

$$\Delta_Y = O_1O_2 = \frac{T_d}{2\sin(\alpha/2)} \qquad (3-5)$$

式中：T_d 为工件定位基准的直径公差（mm）；$\alpha/2$ 为 V 形块的半角（°）。

当 $\alpha = 90°$ 时，V 形块的位移误差可由下式计算：

$$\Delta_Y = 0.707 T_d$$

例 3-3　如图 3-40 所示，用单角铣刀铣削斜面，求加工尺寸为（39±0.04）mm 的定位误差。

解：定位基准与工序基准重合，故

$$\Delta_B = 0$$

沿 V 形块对称平面方向上的基准位移误差为：

$$\Delta_Y = \frac{T_d}{2\sin(\alpha/2)} = 0.707 T_d$$
$$= 0.707 \times 0.04$$
$$= 0.028 \text{ mm}$$

将 Δ_Y 值投影到加工尺寸方向，即：

$$\Delta_D = \Delta Y \cos\beta$$

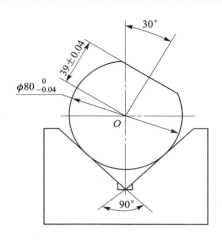

图 3-40　V形块定位误差计算示例

$$= 0.028 \times 0.866$$
$$= 0.024 \text{ mm}$$

结论:加工尺寸为(39±0.04)mm 的定位误差为 0.024 mm。

3.3　工件的夹紧

在机械加工过程中为了保持工件定位时所确定的正确加工位置,防止工件在切削力、惯性力、离心力及重力等作用下发生位移和振动,机床夹具都应有一个夹紧装置,以将工作夹紧。

3.3.1　夹紧装置的组成和基本要求

1. 夹紧装置的组成

夹紧装置的结构形式很多,但就其组成来说,一般夹紧装置都是由力源装置、中间传力机构和夹紧元件三大部分组成。

(1)力源装置。提供原始作用力的装置称为力源装置,常用的力源装置有液压装置、气动装置、电磁装置、电动装置和真空装置等。以操作者的人力为力源时,称为手动夹紧。没有专门的力源装置。

(2)中间传力机构是将力源装置产生的力以一定的大小和方向传递给夹紧元件的机构。中间传力机构在传递力的过程中起着改变力的大小、方向、作用点和自锁的作用。手动夹紧必须有自锁功能,以防在加工过程中工件产生松动而影响加工,甚至造成事故。

(3)夹紧元件是夹紧装置的最终执行元件(即夹紧件),它与工件直接接触,把工件夹紧。

如图 3-41 所示的夹具,其夹紧装置就是由液压缸 4(力源装置)、压板 1(夹紧元件)和连杆 2(中间传力机构)组成的。

2. 夹紧装置设计的基本要求

(1)加紧过程可靠。应保证夹紧不破坏工件在夹具定位元件上所获得的正确位置。

(2)夹紧力大小适当。对工件的夹紧不应引起工件的较大夹紧变形,以免松开夹紧后的弹性恢复造成加工表面的形状、位置精度下降。另外,要求夹紧不能造成工件表面的压伤,以

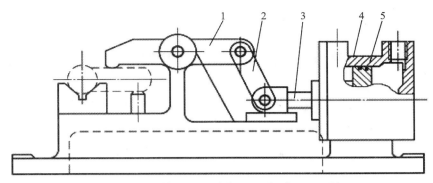

1—压板；2—连杆；3—活塞杆；4—液压缸；5—活塞

图 3 - 41 夹紧装置的组成

免影响工件表面质量。当夹紧力较大时,应选择适当的压紧点或采用垫块、压脚等结构,以防压溃工件表面。

（3）结构工艺性好。夹紧装置的复杂程度应与生产纲领相适应,在保证生产率的前提下,结构应力求简单、紧凑,便于制造和维修。

（4）使用性好。夹紧动作迅速,操作方便,安全省力。

（5）安全性。夹紧机构的设计应保证安全性,不允许在加工中出现松动或振动。

（6）标准化。尽量采用标准结构设计和标准化元件。

3.3.2　夹紧力确定的基本原则

确定夹紧力的方向、作用点和大小时,应依据工件的结构特点、加工要求,并结合工件加工中的受力状况及定位元件的结构和布置方式等综合考虑。

1. 夹紧力的方向

（1）夹紧力方向应朝向主要定位基准面。

如图 3 - 42 所示,在直角支座上镗孔,工件被镗孔与面 A 垂直,故应以面 A 为主要定位基准面,在确定夹紧力方向时,应使夹紧力朝向面 A（即主要定位基准面）,以保证孔与面 A 的垂直度。反之,若朝向 B 面,当工件 A、B 两面有垂直度误差时,就无法实现以主要定位基准面定位,影响所镗孔与面 A 的垂直度要求。

（2）夹紧力方向有利于减小所需的夹紧力。

当夹紧力（Q）、切削力（P）和工件自身重力（W）的方向均相同时,加工过程中所需的夹紧力最小,从而能简化夹紧装置结构和便于操作,且利于减少工件变形。在图 3 - 43(a)中,夹紧力 F_w、切削力 F 和重力 W 同向时,所需的夹紧力最小。图 3 - 43(c)所示为需要有夹紧力产生的摩擦来克服切削力和重力,故需夹紧力最大。

（3）夹紧力应朝向工件刚性好的方向。

由于工件在不同的方向上刚度是不等的,不同的受力表面也因其接触面积大小不同而变形各异,夹紧力的方向应使工件变形尽可能小,尤其在夹紧薄壁零件时,更要注意。如图 3 - 44(a)所示的薄壁套筒,其轴向刚度比径向好,用卡爪径向夹紧,工件变形大,若沿轴向施加夹紧力,则变形会小得多。夹紧图 3 - 44(b)所示的薄壁箱体时,夹紧力不应作用在箱体的顶面,

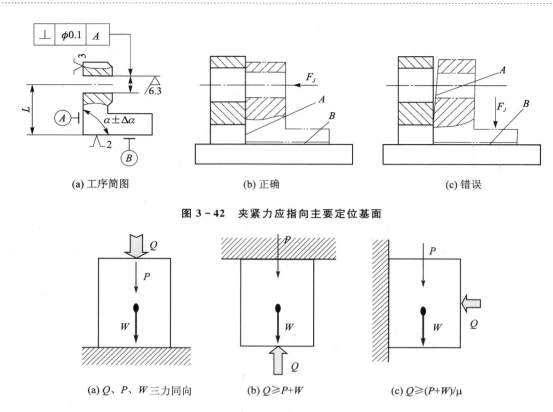

(a) 工序简图　　　　　　　(b) 正确　　　　　　　　(c) 错误

图 3 - 42　夹紧力应指向主要定位基面

(a) Q、P、W 三力同向　　(b) $Q \geqslant P + W$　　(c) $Q \geqslant (P + W)/\mu$

图 3 - 43　夹紧力方向与夹紧力大小的关系

而应作用在刚性好的凸缘上。当箱体没有凸缘时,可在顶部采取多点夹紧以分散夹紧力,减少夹紧变形,如图 3 - 44(c)所示。

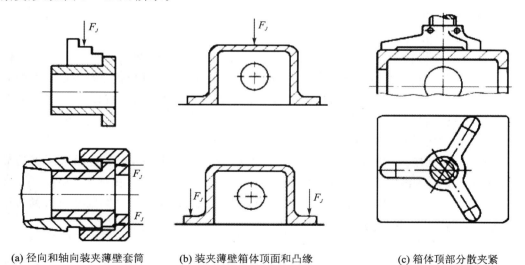

(a) 径向和轴向装夹薄壁套筒　　(b) 装夹薄壁箱体顶面和凸缘　　(c) 箱体顶部分散夹紧

图 3 - 44　夹紧力方向与工件刚性的关系

2. 夹紧力的作用点

(1) 夹紧力作用点应落在定位元件的支承区域内。

图 3-45 所示为夹紧力作用点位置不合理的实例。夹紧力作用点位置不合理,会使工件倾斜或移动,破坏工件的定位。

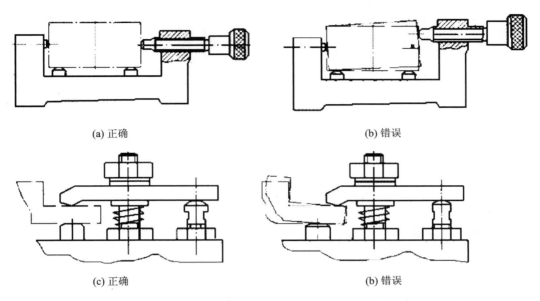

(a) 正确　　　　　　　　　　　　　　(b) 错误

(c) 正确　　　　　　　　　　　　　　(b) 错误

图 3-45　作用点与定位支承的位置关系

(2) 夹紧力作用点应处于工件刚度好的部位。

为使工件受"拉压"力而不受"弯矩"作用,夹紧力的作用点应落在工件刚度高的方向和部位,如图 3-46 所示。这一原则对刚度低的工件特别重要。

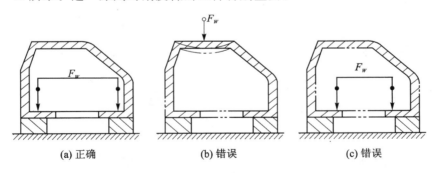

(a) 正确　　　　　　　　(b) 错误　　　　　　　　(c) 错误

图 3-46　作用点应在工件刚度高的部位

(3) 夹紧力作用点应尽量靠近加工部位。

夹紧力作用点靠近加工部位可提高加工部位的夹紧刚性,防止或减少工件振动。如图 3-47所示,主要夹紧力 F_W 垂直作用于主要定位基准面,如果不再施加其它夹紧力,因夹紧力 F_W 没有靠近加工部位,加工过程易产生振动。所以,应在靠近加工部位处采用辅助支承并施加夹紧力 F_J 或采用浮动夹紧装置,既可提高工件的夹紧刚度,又可减小振动。

3.3.3　常用夹紧装置

在夹具的各种夹紧机构中,以斜楔、螺旋纹、偏心、定心以及由它们组合而成的夹紧装置应

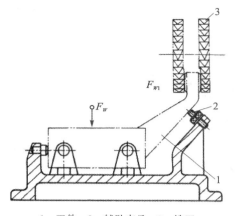

1—工件；2—辅助支承；3—铣刀

图 3 – 47 增设辅助支承和辅助夹紧力

用最为普遍。

1. 斜楔夹紧机构

采用斜楔作为传力元件或夹紧元件的夹紧机构称为斜楔夹紧机构。图 3 – 48 所示为几种常用斜楔夹紧机构夹紧工件的实例。图 3 – 48(a)所示是在工件上钻互相垂直的 $\phi8F8$、$\phi5F8$ 两组孔。工件装入后，锤击斜楔大头或小头，即可夹紧或松开工件。由于用斜楔直接夹紧工件的夹紧力较小，且操作费时，所以实际生产中应用不多，多数情况下是将斜楔与其他机构联合起来使用。图 3 – 48(b)所示是将斜楔与滑柱组合使用的一种夹紧机构，既可以手动，也可以气压驱动。图 3 – 48(c)所示是由端面斜楔与压板组合而成的夹紧机构。

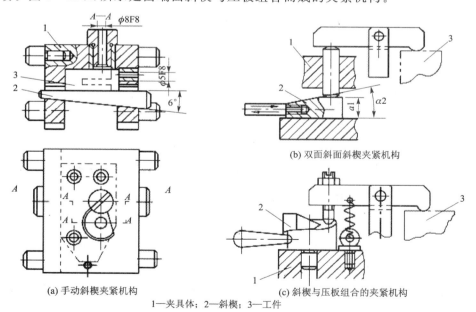

(b) 双面斜面斜楔夹紧机构

(a) 手动斜楔夹紧机构

(c) 斜楔与压板组合的夹紧机构

1—夹具体；2—斜楔；3—工件

图 3 – 48 斜楔夹紧机构

为了保证加在斜楔上的作用力去除后，工件仍能可靠地被夹紧而不松开，必须使夹紧机构具有自锁能力。斜楔的自锁条件是：斜楔的升角小于斜楔与工件、斜楔与夹具体之间的摩擦角之和，即：

$$\alpha \leqslant \phi_1 + \phi_2$$

为保证自锁可靠,手动夹紧机构一般取 $\alpha = 6° \sim 8°$。用气压或液压装置驱动的斜楔不需要自锁,可取 $\alpha = 15° \sim 35°$。

斜楔夹紧具有结构简单、增力比大、自锁性能好等特点,因此获得了广泛应用。

2. 螺旋夹紧机构

(1) 单个螺旋夹紧机构。

图 3-49(a)和图 3-49(b)所示是直接用螺钉或螺母夹紧工件的机构,称为单个螺旋夹紧机构,3-49(c)所示是联功螺旋夹紧机构。在图(a)中,螺钉头直接与工件表面接触,螺钉转动时可能损伤工件表面或带动工件旋转。克服这一缺点的方法是在螺钉头部装上如图 3-50 所示的摆动压块。当摆动压块与工件接触后,由于压块与工件间的摩擦力矩大于压块与螺钉间的摩擦力矩,因而压块不会随螺钉一起转动。图 3-50 (a)所示的压块端面是光滑的,用于夹紧已加工表面;图 3-50(b)所示的端面有齿纹,用于夹紧毛坯面;当要求螺钉只移动不转动时,可采用图 3-50(c)所示的结构。

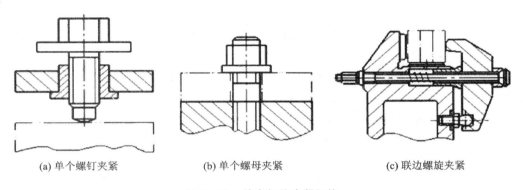

(a) 单个螺钉夹紧　　　　(b) 单个螺母夹紧　　　　(c) 联边螺旋夹紧

图 3-49　单个螺旋夹紧机构

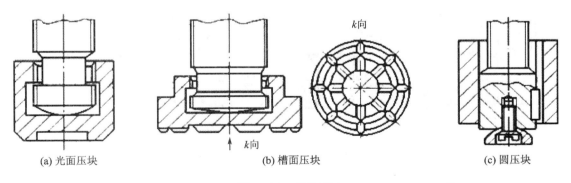

(a) 光面压块　　　　(b) 槽面压块　　　　(c) 圆压块

图 3-50　摆动压块

为克服单个螺旋夹紧机构夹紧动作慢、工件装卸费时的缺点,常采用各种快速接近、退离工件的方法。图 3-51 所示为常见的几种快速螺旋夹紧机构。图 3-51(a)所示是带有快卸垫圈的螺母夹紧机构,螺母最大外径小于工件孔径,松开螺母取下快卸垫圈4,工件即可穿过螺母被取出。图 3-51 所示为快卸螺母,螺孔内钻有光滑斜孔,其直径略大于螺纹公称直径,螺母旋出一段距离后,就可倾斜取下螺母。图 3-51(c)中,螺杆1上的直槽连着螺旋槽,当转动手柄2松开工件,并将直槽对准螺钉头时,便可迅速抽动螺杆1,装卸工件。前二种结构的夹紧行程小,后一种的夹紧行程大。

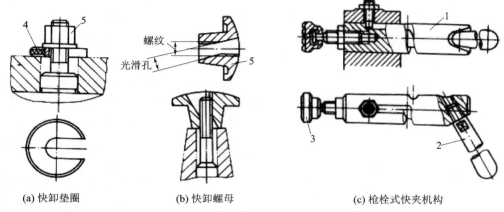

(a) 快卸垫圈　　　　　　(b) 快卸螺母　　　　　　(c) 枪栓式快夹机构

1—螺杆;2—手柄;3—摆动压块;4—快换垫圈;5—螺母;快换螺母

图 3 - 51　快速装卸螺旋夹紧机构

(2) 螺旋压板夹紧装置。

夹紧机构中,螺旋压板的使用是非常普遍的。图 3 - 52 所示是几种常见的螺旋压板的典型结构。其中图 3 - 52(a)、3 - 52(b)所示是移动压板,在这两种机构中,其施力螺钉位置不同:图 3 - 52(a)所示为螺钉夹紧方式,可通过压板的移动来调整压板的杠杆比,实现增大夹紧力和夹紧行程的目的;图 3 - 52(b)所示为螺母夹紧方式,夹紧力小于作用力,主要用于夹紧力不大和夹紧行程需调节的场合;图 3 - 52(c)所示为回转压板,使用方便;图 3 - 52(d)所示是铰链压板机构,此结构增力但减少了夹紧行程,使用上受工件尺寸形状的限制。

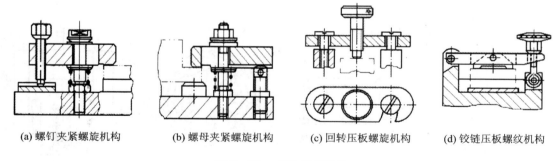

(a) 螺钉夹紧螺旋机构　　(b) 螺母夹紧螺旋机构　　(c) 回转压板螺旋机构　　(d) 铰链压板螺纹机构

图 3 - 52　螺旋压板机构

3. 偏心夹紧机构

用偏心件直接或间接夹紧工件的机构,称为偏心夹紧机构。偏心件有两种形式,即圆偏心和曲线偏心。其中,圆偏心机构因结构简单、制造容易而得到广泛应用。图 3 - 53 所示是几种常见的偏心夹紧机构的应用实例。其中,图 3 - 53(a)和图 3 - 53(b)用的是圆偏心轮,图 3 - 53(c)用的是偏心轴,图 3 - 53(d)用的是有偏心圆弧的偏心叉。

圆偏心夹紧机构的优点是操作方便、夹紧迅速;缺点是夹紧力和夹紧行程均不大,结构不耐振,自锁可靠性差,故一般适用于夹紧行程及切削负荷较小且平衡的场合。

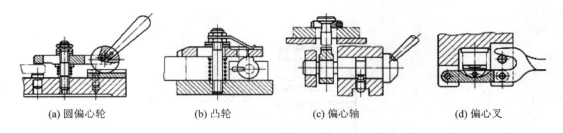

(a) 圆偏心轮　　　　(b) 凸轮　　　　(c) 偏心轴　　　　(d) 偏心叉

图 3 - 53　圆偏心夹紧机构

4. 定心夹紧机构

当工件被加工面以中心要素(轴线、中心平面等)为工序基准时,为使基准重合以减少定位误差就须采用定心夹紧机构。

(1) 机械传动式定心夹紧装置。

此类机构是利用机械传动装置使工作元件等迅速移动来实现定心夹紧作用的。三爪自定心卡盘就是此类机构的典型实例。

(2) 弹性变形式定心夹紧装置。

① 弹簧筒夹定心夹紧装置。

这种定心夹紧机构常用于装夹轴套类工件。图 3 - 54(a)所示为用于装夹工件以外圆柱面为定位基面的弹簧夹头。旋转螺母 4 时,锥套 3 内锥面迫使弹性筒夹 2 上的簧瓣向心收缩,从而将工件定心夹紧。图 3 - 54(b)所示是用于工件以内孔为定位基面的弹簧心轴。因工件的长径比 $L/D \gg 1$,故弹性筒夹 2 的两端各有簧瓣。旋转螺母 4 时,锥套 3 的外锥面向心轴 5 的外锥面靠拢,迫使弹性筒夹的两端簧瓣向外均匀胀开,从而将工件定心夹紧。

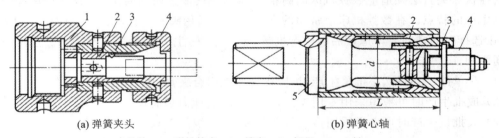

(a) 弹簧夹头　　　　　　　　　(b) 弹簧心轴

1—夹具体;2—弹性筒夹;3—锥套;4—螺母;5—心轴

图 3 - 54　弹簧夹头与弹簧心轴

② 膜片卡盘式定心夹紧装置

图 3 - 55 所示为膜片卡盘。弹性元件为膜片 4,其中有 6 个或更多个卡爪,每个卡爪上均装有一个可调节螺钉,几个可调节螺钉的端面形成的圆的直径应略小(另一种是略大)于工件定位基准面的直径,一般约差 0.4 mm。装夹工件时,用推杆 8 将膜片向右推,使其凸起变形,其上的卡爪连同螺钉一起张开,工件在 3 个支承钉 7 上轴向定位后,推杆退回,膜片在其恢复弹性变形的趋势下,带动卡爪连同螺钉一起对工件定心夹紧,通过可调节螺钉 5,可以适应不同尺寸工件的需要。

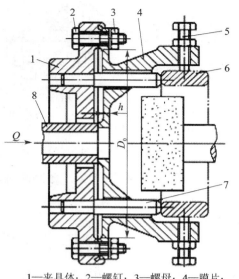

1—夹具体；2—螺钉；3—螺母；4—膜片；
5—可调节螺钉；6—工件；7—支承钉；8—推杆

图 3-55　膜片卡盘

3.4　数控加工常用夹具

　　数控机床夹具必须适应数控机床的高精度、高效率、多方向同时加工、数字程序控制及单件小批生产的特点。在数控机床上常用的夹具类型有通用夹具、组合夹具、专用夹具和成组夹具等，在选择时通常需要考虑产品的生产批量、生产效率、生产质量和生产成本。选用时可参考下列原则。

　　（1）在单件、多品种、小批量生产时，应优先考虑组合夹具、电永磁夹具等。

　　（2）成批生产时可考虑采用专用夹具，但夹具的设计力求简单。

　　（3）大批量生产时可考虑采用多工位夹具和气动、液压夹具。

3.4.1　通用夹具

　　通用夹具是指已经标准化、无需调整或稍加调整就可以用来装夹不同工件的夹具，如三爪卡盘、四爪卡盘、通用角铁、平口虎钳和万能分度头等。这类夹具主要用于单件、小批生产。图 3-56所示为用于回转工件自动装卡的液压三爪联动卡盘。图 3-57 所示为用于非回转体或偏心件装卡的四爪单动卡盘。

图 3 - 56　液压三爪联动卡盘　　　图 3 - 57　四爪单动卡盘

图 3 - 58 所示的固定侧与底面作为定位面,活动侧用于夹紧的平口钳。图 3 - 59 所示的通过钳身上的孔及滑槽来改变角度,可用于斜面零件装夹的正弦平口钳。图 3 - 56 所示为在卧式加工中心上利用通用角铁装夹箱体零件镗削平行孔系。

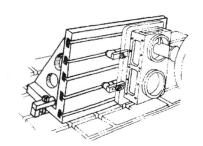

图 3 - 58　平口虎钳　　　　　图 3 - 59　正弦平口钳　　　　图 3 - 60　通用角铁在
　　　　　　　　　　　　　　　　　　　　　　　　　　　　　　数控机床上的应用

3.4.2　回转工作台

为了扩大数控机床的工艺范围,数控机床除了沿 x、y、z 三坐标轴做直线进给外,往往还有需绕三轴的圆周进给运动。数控机床的圆周进给运动一般由回转工作台实现,对于加工中心,回转工作台是一个不可缺少的部件。数控机床中常用的回转工作台有分度工作台和数控回转工作台两种。

图 3 - 61 所示为分度工作台,分度工作台只能完成分度运动而不能实现圆周进给;分度运动只限于规定的角度(如 90°、60°或 45°);需附加专门的定位元件,保证分度工作台的定位精度。分度工作台有鼠齿盘式分度工作台、定位销式分度工作台两类。

图 3 - 62 所示为数控回转工作台,数控回转工作台可以按照数控系统的指令进行连续回转,回转速度是无级的、连续可调的。数控回转工作台不但能完成分度运动也能实现圆周进给,且可实现任意角度的分度定位,但必须采用伺服电动机驱动。其有立式数控回转工作台、卧式数控回转工作台两种。

图 3-61　两轴分度工作台　　　　　　图 3-62　两轴数控回转工作台

3.4.3　模块组合夹具

组合夹具是一种标准化、系列化程度很高的柔性化夹具,它已商品化,是由一套预先制造好的具有不同几何形状、不同尺寸的高精度元件与合件组成。使用时按照工件的加工要求,采用组合的方式组装成所需的夹具。使用完毕后,可将夹具拆开,擦洗并归档保存,以便于再组装时使用。组合夹具元件的使用寿命为 15~20 年,选用得当,可成为很经济的夹具。

图 3-63 所示为车削管状工件的组合夹具,组装时选用 90°圆形基础板 1 为夹具体,以长、圆形支承 4、6、9 和直角槽方支承 2、简式方支承 5 等组合成夹具的支架。工件在支承 9、10 和 V 形支承 8 上定位,用螺钉 3、11 夹紧。各主在元件由平键和槽通过方头螺钉紧固连接成刚体。

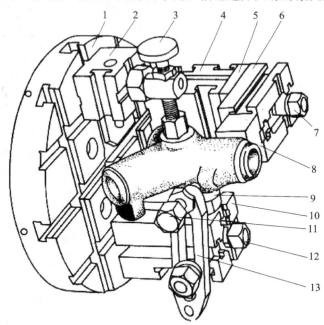

1—90°圆形基础板；2—直角槽方支承；3、11—螺钉；4、6、9、10—长、圆形支承；
5—简式方支承；7、12—螺母；8—V形支承；13—连接板

图 3-63　管状工件车削用组合夹具

组合夹具与专用夹具相比具有以下特点。

(1) 万能性好,适用范围广。组合夹具可加工 范围为 20~600 mm,一般情况下工件形状的复杂程度可不受限制。组合夹具特点适用于单件、小批量生产的企业。即使大批生产的企

业,也有相当比例的专用夹具可用组合夹具代替。

（2）可大幅缩短生产准备周期。通常一套中等复杂程度的专用夹具,从设计到总装完毕需 50～150 h,而组装一套同等复杂程度的组合夹具仅需少时间,相应的生产准备可缩短 90％左右。特别在新产品的试制过程中,组合夹具具有明显的优越性。目前,组合夹具在数控加工中已得到广泛应用。

（3）使用组合夹具后,减少了专用夹具成本,从而降低产品的制造成本。

（4）减小了夹具的库存。专用夹具的数量随着产品的更新将逐年增加,而组合夹具且可反复拆装,基础数量不会增加,易于管理。

（5）组合夹具的外形尺寸较大,结构较笨重,刚度较低。

根据组合夹具的装接基面的形状,可将其分为槽系和孔系两大类。

1. 槽系组合夹具

槽系组合夹具主要是通过键与槽确定元件之间的相互位置,在国内数控加工生产中槽系夹具使用非常普遍。槽系夹具元件最突出的特点是给装灵活多变,可调性好;缺点是精度低,刚性差。

槽系组合夹具按组合夹具元件功能要素的不同可分为基础件、定位件、支承件、导向件、压紧件、紧固件、其它件及合件共 8 大类,具体如图 3-64 所示。

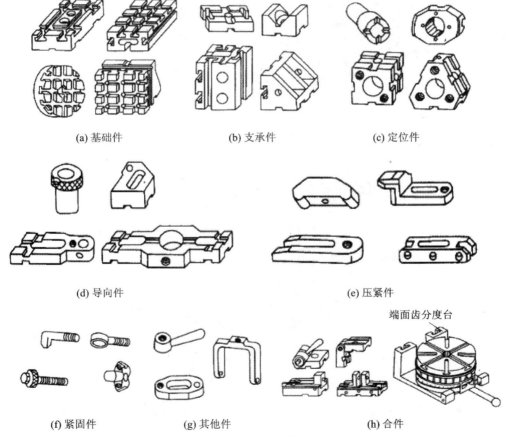

(a) 基础件   (b) 支承件   (c) 定位件

(d) 导向件   (e) 压紧件

(f) 紧固件   (g) 其他件   (h) 合件

图 3-64   组合夹具基本元件

钻削加工图 3-65 所示的盘类零件径向均布的 6 个 $\phi 8$ 的孔,选择左端面及轴向内孔为定位基面。根据加工要求,选择合适的元件,经过组装前准备、确定组装方案、试装、连接、检测等步骤,完成钻孔夹具的组合,如图 3 - 66 所示。

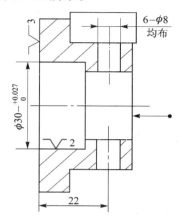

图 3 - 65　零件加工工序简图

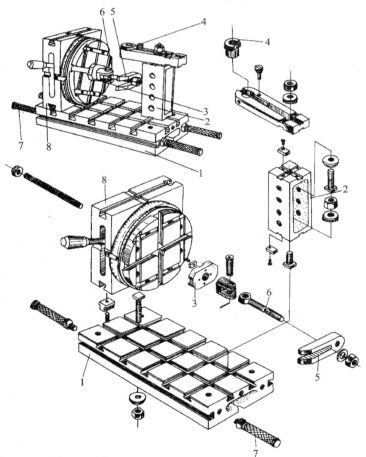

1—基础件；2—支承件；3—定位件；4—导向件；5—夹紧件；6—紧固件；7—其他件；8—合件

图 3 - 66　槽系组合夹具

2. 孔系组合夹具

根据零件的加工要求,用孔系组合夹具元件即可快速地组装成机床夹具。该系列元件结构简单,以孔定位,螺栓连接,定位精度高,刚性好,组装方便。

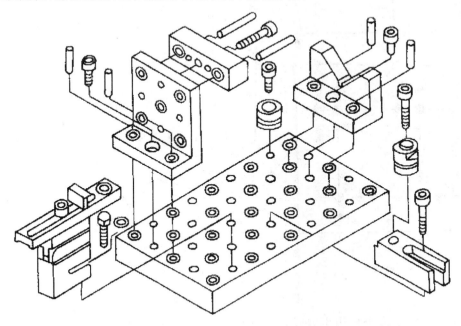

图 3 - 67　BIUCO 孔系组合夹具组装示意图

在生产实际中,孔系组合夹具的应用非常广泛。图 3 - 68 所示为孔系组合夹具加工连杆的应用实例,图 3 - 69 所示为孔系组合夹具加工泵盖的实用实例。

图 3 - 68　连杆组合夹具

图 3 - 69　泵盖组合夹具

3.4.4　拼装夹具

拼装夹具是一种模块化夹具,主要用于数控加工中,有时在普通机床上也可用拼装夹具。拼装夹具与组合之间有许多共同点,它们都具有板式,多面体形和方形基础件,如图 3 - 70 所示。在基础件表面有网络孔系。两种夹具的不同点是:组合夹具的万能性好,标准化程度高;而拼装夹具则为非标准的,一般由为本企业产品工件的加工需要而设计的。产品品种不同或加工方式不同的企业,所使用的模块结构会有较大的差别。

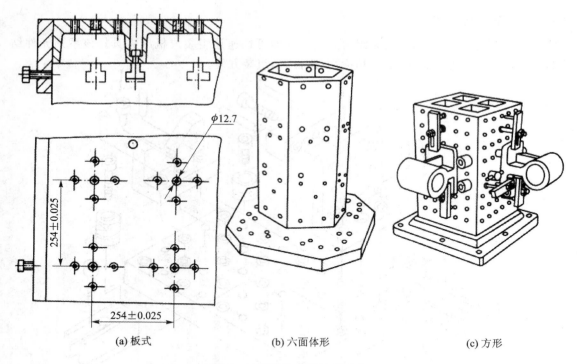

(a) 板式   (b) 六面体形   (c) 方形

图 3-70 拼装夹具的基础件

图 3-71 所示为一种用于数控镗床的拼装夹具,主要由基础板 10 和多面体模块 8、9 组成。多面体模块常用的几何角度为 30°、60°、90° 等,按照工件的加工要求,可将其安装成不同的位置,左边的工件 1 由支承 2、6、7 定位,用压板 3 夹紧,右边的工件为另一工件。

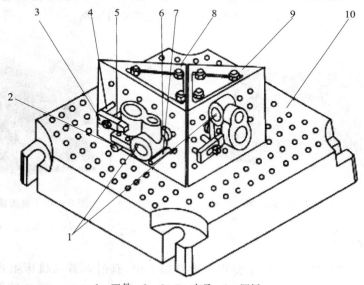

1—工件;2、6、7—支承;3—压板;
4—支承螺栓;5—螺钉;8、9—多面体模块;10—基础板

图 3-71 用于数控镗床的拼装夹具

拼装夹具用于成批生产的企业,使用模块化夹具可大大减少专用夹具的数量,缩短生产周

期,提高企业的经济效益。模块化夹具的设计依赖于对本企业产品和加工工艺的深入分析研究。

本章小结

在机械加工中,必须使工件、夹具、刀具和机床之间保持正确的相互位置,才能加工出合格的零件,即工件在夹具中定位正确和夹紧可靠,夹具在机床上安装正确,刀具相对于工件的位置正确。

本章主要介绍专用夹具设计的基本知识和方法,包括:定位元件的选择,定位误差的分析与计算,加紧力的确定及典型夹紧装置,各类机床夹具的基本类型、特点和设计要点,专用机床夹具设计的基本方法与步骤。最后简单介绍了组合夹具的基本概念。

通过本章的学习,读者能根据零件的结构和加工要求,合理确定零件的定位和夹紧方案,初步掌握数控机床专用机床夹具的设计方法与技巧。

习　题

一、填空题

1. _____和_____两个过程综合称为装夹,完成工件装夹的工艺装备称为机床夹具。

2. 机床夹具是在机床上使用的一种使工件_____和_____的工艺装置。

3. 夹紧力三要素为:_____、_____和_____。

4. 机床夹具的定位误差主要是由_____和_____引起的。

5. 铣床夹具在机床的工作台上定位是通过夹具上的两个_____来实现的。

二、选择题

1. 机床夹具中用来确定工件在夹具中位置的元件是_____。

A. 定位元件　　　　B. 对刀—导向元件　　　C. 夹紧元件　　　　D. 连接元件

2. 一个浮动支承可以消除_____个自由度,一个长的 V 型块可消除_____个自由度。

A. 0　　　　　　　　B. 1　　　　　　　　　C. 4　　　　　　　　D. 5

3. 辅助支承可以消除_____个自由度;一个支承钉可以消除_____个自由度。

A. 0　　　　　　　　B. 1　　　　　　　　　C. 2　　　　　　　　D. 3

4. 限制同一自由度的定位称_____;消除 6 个自由度的定位称_____。

A. 完全定位　　　　B. 过定位　　　　　　C. 不完全定位　　　D. 欠定位

5. 夹紧力的方向应与切削力方向_____,夹紧力的作用点应该_____工件加工表面。

A. 相同　　　　　　B. 相反　　　　　　　C. 靠近　　　　　　D. 远离

6. 一面双销定位共限制了工件的_____自由度。

A. 3个　　　　　　　B. 4个　　　　　　　C. 5个　　　　　　　D. 6个

7. 定位元件中对中性能最好的是_____。

A. 圆柱芯轴　　　　B. 半圆套　　　　C. V 型架　　　　D. 锥度芯轴

8. 在零件加工过程中，不能满足工件的加工技术要求的定位形式是_____。

A. 过定位　　　　B. 欠定位　　　　C. 完全定位　　　　D. 不完全定位

三、判断题

1.（　）专用夹具是为某道工序设计制造的夹具。

2.（　）夹具上的定位元件是用来确定工件在夹具中正确位置的元件。

3.（　）两点式浮动支承能限制工件的 2 个自由度。

4.（　）辅助支承是为了增加工件的刚性和定位稳定性，并不限制工件的自由度。

5.（　）一个三点浮动支承约束 3 个自由度。

6.（　）辅助支承不仅能起定位作用，还能增加刚性和稳定性。

7.（　）定位误差是指一个工件定位时，工序基准在加工要求方向上的最大位置变动量。

四、简答题

1. 定位与夹紧有何区别？

2. 定位元件的要求有哪些？

3. 什么叫六点定位原则？

4. 何谓定位误差？定位误差是由哪些因素引起的？定位误差的数值一般应控制在零件公差的什么范围内？

5. 夹紧装置设计的基本要求是什么？确定夹紧力的方向和作用点的准则有哪些？

五、计算题

如图 3－72 所示，图 3－72(a)所示为工件铣槽工序简图，图 3－72(b)所示为工件定位简图。试计算加工尺寸 $90_{-0.15}^{0}$ mm 的定位误差。

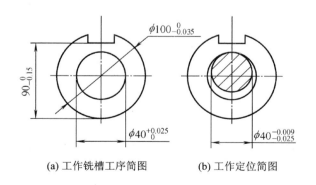

(a) 工作铣槽工序简图　　　　(b) 工作定位简图

图 3－72　工件加工简图

六、分析题

1. 分析图 3-73 所示的定位情况,各元件限制哪几个自由度?属何种定位?若有问题如何改进?

2. 根据图 3-74 所示的工件加工面的技术条件,指出工件定位应限制的自由度并确定定位方案。

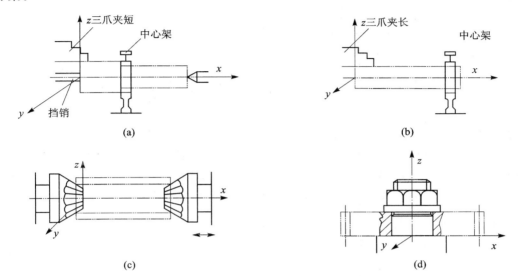

图 3-73　自由度分析

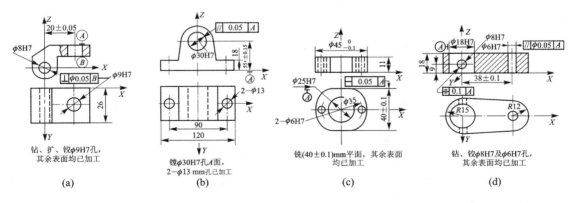

钻、扩、铰 ϕ9H7孔,
其余表面均已加工

(a)

镗 ϕ30H7孔 A 面,
2- ϕ13 mm孔已加工

(b)

铣(40±0.1)mm平面,其余表面
均已加工

(c)

钻、铰 ϕ8H7及 ϕ6H7孔,
其余表面均已加工

(d)

图 3-74

第4章　数控车削加工工艺

【学习目标】
① 理解数控车削加工工艺的内容。
② 掌握数控车削加工工艺的制定原则与方法。
③ 编制合理的数控车削工艺文件。

4.1　数控车削工艺基础

数控车削加工工艺是在普通车削工艺的基础上,结合数控车床的加工特点,综合运用工装、材料、热处理、机械加工等各方面工艺知识,解决数控车削加工过程中的实际问题。本节介绍数控车削加工工艺的基本知识和基本原则,以便在后续任务中科学、严谨、合理地设计加工工艺,充分发挥数控加工"优质、高产、低耗"的特点,防止把数控机床降格为通用机床使用。

4.1.1　数控车削加工工艺内容的选择

当选择并决定某个零件进行数控加工后,并不等于要把它所有的加工内容都包下来,而可能只是对其中一部分进行数控加工,必须对零件图纸进行仔细的工艺分析,确定那些最适合、最需要进行数控加工的内容和工序。在选择并做出决定时,应结合本单位的实际,立足于解决难题、攻克关键和提高生产效率的角度,充分发挥数控加工的优势。具体选择时,一般可按下列顺序考虑。

(1)优先选择普通车床无法加工的内容。例如由轮廓曲线构成的回转表面;具有微小尺寸的结构表面;同一表面采用多种设计要求的结构;表面间有严格几何关系要求的表面。

(2)重点选择普通车床难加工、质量也难以保证的内容。例如:表面间有严格位置精度要求但在普通机床上无法一次安装加工的表面;表面粗糙度要求很严的锥面、曲面、端面等。

(3)在数控机床尚存在富余加工能力时可选择普通车床加工效率低、劳动强度大的内容。一般来说,上述这些加工内容采用数控车削加工后,在产品质量、生产效率与综合效益等方面都会得到明显提高。相比之下,下列的内容不宜选择采用数控加工。

(1)占机调整时间长。如:偏心回转零件用四爪卡盘长时间在机床上调整,但加工内容却比较简单。

(2)不能在一次安装中加工完成的其他零星部位,采用数控加工效果不明显,可安排通用机床补加工。

此外,在选择和确定加工内容时,也要考虑生产批量、生产周期、工序间周转情况等。总之,要尽量做到合理,达到多、快、好、省的目的。

4.1.2　数控加工零件图的工艺性分析

1. 结构工艺性分析

(1)零件的结构工艺性。

零件的结构工艺性是指满足使用要求前提下零件加工的可行性和经济性。对零件进行结构工艺性分析时要充分反映数控加工的特色,用普通设备加工工艺性很差的结构改用数控设备加工其结构工艺性则可能比较有特色。如图 4-1 所示的定位销,国内普遍采用销头部分为锥形的结构(见图 4-1(a)),国外则普遍采用销头部分为球形的结构(见图 4-1(b))。从使用效果来说,球形对工件的划伤要比锥形小得多,但加工时,球形的销必须用数控车削加工。

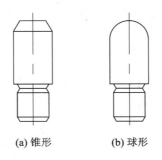

(a) 锥形   (b) 球形

图 4-1 两种结构形式的定位销

(2) 零件结构工艺性分析的主要内容。

① 审查与分析零件图纸中的尺寸标注是否符合数控加工的特点。

在数控编程中,所有点、线、面的尺寸和位置都是以编程原点为基准确定的。为便于尺寸之间的相互协调及编程计算,零件图样上最好直接给出坐标尺寸,或尽量以同一基准标注尺寸,如图 4-2 所示。

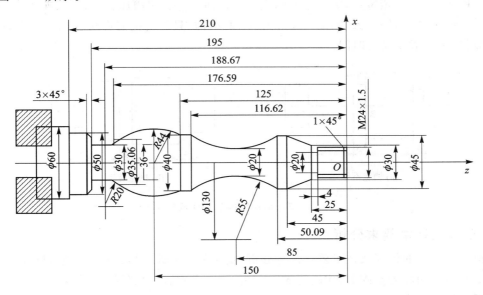

图 4-2 尺寸以同一基准标注示例

② 审查与分析零件图纸中构成轮廓的几何要素的条件是否充分、正确。由于零件设计人员在设计过程中往往存在考虑不周的情况,常常遇到构成零件轮廓的几何元素的条件不充分或模糊不清甚至多余的情况。如圆弧与直线、圆弧与圆弧到底是相切还是相交,有些是明明画成相切,但根据图纸给出的尺寸计算却是相切条件不充分或条件多余而变为相交或相离状态,

使编程无从下手;有时,所给条件又过于"苛刻"或自相矛盾,增加了数学处理与节点计算的难度。因为在自动编程时要对构成轮廓的所有几何元素进行定义,手工编程时要计算出每一个节点坐标,无论哪一点不明确或不确定,编程都无法进行。所以,在审查与分析图纸时,一定要仔细认真,发现问题及时找设计人员更改。

图4-3所示的圆弧与斜线的关系要求为相切,但计算后为相交关系。图4-4所示图样上给定的几何条件自相矛盾,总长度与各段长度之和不等。

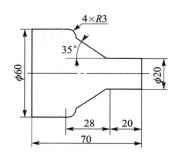

图4-3　几何约束错误

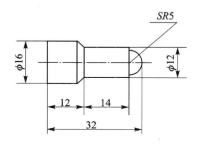

图4-4　几何要素矛盾

③ 审查与分析在数控车床上加工时零件结构的合理性。

零件的外形、内腔最好采用统一的几何类型及尺寸,这样可以减少刀具规格及换刀次数,有利于采用专用程序以缩短程序长度,节省编程时间,提高生产效率。

加工图4-5(a)所示零件,需3把不同宽度的切槽刀完成切槽加工,如无特殊要求,显然是一种不合理的结构设计;若改为图4-5(b)所示的结构,只需一把刀即可切出3个槽,即减少了刀具数量,又节省了换刀时间。

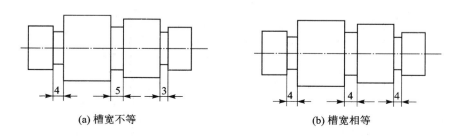

(a) 槽宽不等　　　　　　　　　　　　　　(b) 槽宽相等

图4-5　零件结构工艺性示例

2. 精度及技术要求分析

对被加工零件的精度及技术要求进行分析,是零件工艺性分析的重要内容,只有在分析零件精度和表面粗糙度的基础上,才能对加工方法、装夹方式、进给路线、刀具及切削用量进行正确而合理的选择。

精度及技术要求分析的主要内容如下。

(1)要求是否齐全、合理。对需要采用数控加工的表面,其精度要求应尽量一致,以便一次走刀连续加工。

(2)分析本工序的数控车削精度能否达到图样要求,若达不到,需采取其他措施(如磨削)弥补的话,则应给后续工序留有余量。

（3）有较高位置精度要求的表面应在一次安装下完成。

（4）表面粗糙度要求较高的表面应采用恒线速切削。

4.1.3　数控车削加工工艺过程的拟定

1. 零件表面数控车削加工方案的选择

回转体零件的结构形状虽然是多种多样的,但它们都是由平面、内圆柱面、外圆柱面、曲面、螺纹等组成。每一种表面都有多种加工方法,实际选择时应结合零件的加工精度、表面粗糙度、材料、结构形状、尺寸、生产类型等因素,确定零件表面的数控车削加工方法及加工方案。

（1）数控车削加工外圆表面与端面加工方案的选择。

① 加工精度为 IT7、IT8 级,表面粗糙度 Ra1.6～3.2 μm。除淬火钢以外的常用金属,可采用普通型数控车床,按粗车、半精车、精车的方案加工。

② 加工精度为 IT5、IT6 级,表面粗糙度 Ra0.2～0.8 μm。除淬火钢以外的常用金属,可采用精密型数控车床,按粗车、半精车、精车、细车的方案加工。

③ 加工精度高于 IT5 级,表面粗糙度 Ra 小于 0.08 μm。除淬火钢以外的常用金属,可采用高档精密型数控车床,按粗车、半精车、精车、精密车的方案加工。

（2）数控车削加工内孔表面与端面加工方案的选择。

① 加工精度为 IT8、IT9 级,表面粗糙度 Ra1.6～3.2 μm。除淬火钢以外的常用金属,可采用普通型数控车床,按粗车、半精车、精车的方案加工。

② 加工精度为 IT6、IT7 级,表面粗糙度 Ra0.2～0.8 μm。除淬火钢以外的常用金属,可采用精密型数控车床,按粗车、半精车、精车、细车的方案加工。

③ 加工精度为 IT5 级,表面粗糙度 Ra 小于 0.2 μm。除淬火钢以外的常用金属,可采用高档精密型数控车床,按粗车、半精车、精车、精密车的方案加工。

2. 工序的划分

零件的加工工序通常包括机械加工工序、热处理工序和辅助工序,合理安排工序的顺序,解决好工序间的衔接问题,是保证零件加工质量、提高生产效率、降低加工成本的关键。

数控车床对零件的加工通常采用工序集中的原则,数控车削的加工工序可参照下面的方法进行划分。

（1）以一次安装完成的加工内容作为一道工序。零件结构形状各异,每一表面的技术要求也不尽相同,为保证零件的技术要求,应将位置精度要求较高的表面安排在一次安装下完成,以免多次安装所产生的安装误差影响位置精度。

轴承内圈对壁厚差要求严格,为保证加工质量,在数控车床上第一道工序采用图 4-6(a)所示的以大端面及大端外径定位装夹,完成除夹持面以外的所有轮廓的车削加工,由于滚道和内径在一次安装定位中完成,所以壁厚差大为减少,且质量稳定。第二道工序采用图 4-6(b)所示的以内孔和小端面定位装夹方案,车削大外圆和大端面及倒角。

（2）以同一把刀具加工的结构内容做为一道工序。有些零件结构较复杂,既有回转表面也有非回转表面,既有外圆、平面,也有内腔、曲面。对于加工内容较多的零件,按零件结构特点将加工内容组合分成若干部分,每一部分用一把典型刀具加工。这时可以将组合在一起的所有部位作为一道工序。

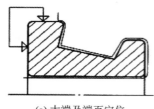
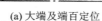
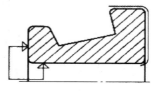

(a) 大端及端百定位　　　　　　　　(b) 小端及端面定位

图 4－6　轴承内圈两道工序加工方案

（3）按粗、精加工划分工序。对于加工后易发生变形的工件，通常粗加工后需要进行矫形，这时粗加工和精加工作为两道工序，可以采用不同的刀具、不同的机床、不同的时间节点加工，以便粗加工内应力的释放；对毛坯余量较大和加工精度要求较高的零件，应将粗车和精车分开，划分成两道或更多的工序，保证零件的最终精度要求。

（4）以一个完整的数控程序连续加工的内容为一道工序。有些零件虽然能在一次安装中加工出很多待加工面，但考虑到程序太长，会受到某些限制，如：控制系统的限制（主要是内存容量）、机床连续工作时间的限制（如一道工序在一个工作班内不能结束）等；此外，程序太长会增加出错率，查错与检索困难，因此程序不能太长。这时可以以一个独立、完整的数控程序连续加工的内容为一道工序。

3. 工序顺序的安排

制定零件数控制车削工序顺序一般遵循下列原则。

（1）先加工定位面，即上道工序的加工能为后面的工序提供精基准和合适的夹紧表面。制定零件的整个工艺路线就是从最后一道工序开始往前推，按照前工序为后工序提供基准的原则先大致安排。

（2）先加工平面后加工孔；先加工简单的几何形状再加工复杂的几何形状。

（3）对精度要求高的零件，粗、精加工需分开进行的，先粗加工后精加工。

（4）以相同定位、夹紧方式安装的工序最好接连进行，以减少重复定位次数和夹紧次数。

（5）中间穿插有通用机床加工工序的要综合考虑合理安排其加工顺序。

4. 数控车削加工工步顺序的确定

工步顺序安排的一般原则如下。

（1）先粗后精。对于粗、精加工安排在一道工序内进行的，先对各表面进行粗加工，全部粗加工结束后再进行半精加工和精加工，逐步提高加工精度，有利于保证零件的加工质量。

（2）先近后远。加工图 4－7 所示的轴类零件，当最小端的背吃刀量没有超过加工极限时，可选择先加工离对刀点距离近的部位，依次切向较远处，这样有利于缩短刀具移动路径，提高加工效率。

（3）刀具集中。同一把刀加工的内容应连续安排，以减小换刀次数，缩短刀具移动距离，特别是同一轮廓表面的精加工路线一定要连续切削。

（4）内外交叉。对内、外表面安排在一道工序中加工的零件，应先进行零件的内、外表面的粗加工，后进行内、外表面的精加工。

（5）保证零件加工刚性。一道工序中需进行多工步加工时，应先安排对零件刚性破坏较

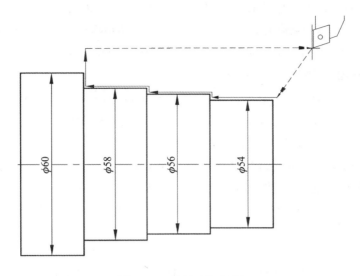

图 4 - 7　先近后远示例

小的工步,以保证零件加工的刚性要求。例如轴类零件加工时,为保证加工刚性的要求,工步安排时一般情况下就先加工大端,后加工小端。

5. 零件的定位基准的选择

合理选择定位基准不但对保证零件的尺寸精度和位置精度起决定性作用,而且还会影响到夹具结构的复杂程度和加工效率。

(1)粗基准的选择。选择粗基准时,必须达到两个基本要求:首先应该保证所有加工表面都有足够的加工余量;其次应该保证零件上加工表面和不加工表面之间具有一定的位置精度。粗基准的选择原则如下。

① 选择不加工表面作为粗基准。如果必须保证工件上加工表面与不加工表面之间的相互位置精度,则应选择不加工面为粗基准。如果有多个不加工表面,则应以与加工表面位置精度要求较高的表面作为粗基准。

② 若必须首先保证工件上某重要表面加工余量均匀,则应选择该重要表面作为粗基准。

③ 粗基准应选择平整光洁的表面。

④ 粗基准一般只能使用一次,不能重复使用。

(2)精基准的选择。精基准的选择应遵循如下原则。

① 基准重合原则。为避免基准不重合误差,方便编程,应选用工序基准(设计基准)作为定位基准,并使工序基准、定位基准、编程原点三者统一,这是最优先考虑的方案。

② 基准统一原则。在多工序或多次安装中,选用相同的定位基准,这对数控加工保证零件的位置精度非常重要。

③ 便于装夹原则。所选择的定位基准应能保证定位准确、可靠,定位、夹紧机构简单,敞开性好,操作方便,能加工尽可能多的内容。

④ 便于对刀原则 。批量加工时,在工件坐标系已确定的情况下,采用不同的定位基准为对刀基准建立工件坐标系,会使对刀的方便性不同,有时甚至无法对刀,这时就要分析此种定位方案是否能满足对刀操作的要求,否则原设工件坐标系须重新设定。

6. 数控车削加工的切削用量选择

数控车削加工中切削用量包括背吃刀量、主轴转速(切削速度)、进给速度(进给量)等。切削用量的选择原则与通用机床加工相似,具体数值根据数控机床使用说明书和金属切削原理规定的方法和原则,结合实际加工经验来确定。

(1)背吃刀量的确定。背吃刀量是根据余量来确定的。在系统刚性允许的条件下,应尽可能选择较大的背吃刀量,这样可以减少走刀次数,提高生产效率。对于表面粗糙度和精度要求较高的零件,要留有足够的精加工余量,数控加工的精加工余量可比通用机床加工的余量小一些,一般为 0.1~0.5 mm。

(2)主轴转速的确定。

①车光轴时的主轴转速。车光轴时,主轴转速 n(r/min)的确定应根据零件上被加工部位的直径,并按零件和刀具的材料及加工性质等条件所允许的切削速度 v_c(m/min)来确定。在实际生产中,主轴转速可用下式计算:

$$n = \frac{1000v_C}{\pi_d}$$

式中: v_c 为切削速度,由刀具的耐用度决定; d 为零件待加工表面的直径(mm)。

② 车螺纹时的主轴转速。在车螺纹时,车床主轴转速受螺纹的导程(螺距)、电动机调速、螺纹插补运算等因素的影响,转速不能过高。因此,大多数经济型车床数控系统推荐车螺纹时主轴转速如下:

$$n \leqslant \frac{1\ 200}{P} - k$$

式中: P 为被加工工件螺纹导程(螺距),单位为 mm; K 为保险系数,一般为80。

(3)进给量的确定。

① 当工件的质量能够保证时,可以选择较高的进给量,以便提高生产率。

② 切断、车深孔、精车时,选择较低的进给量。

③ 刀具空行程时,选择尽量高的进给量。

④ 进给量应与主轴转速与背吃刀量相适应。

粗车时,一般取为 0.3~0.8 mm/r;精车时,一般取为 0.1~0.2 mm/r;切断时,宜取0.05~0.2 mm/r。

7. 数控车削加工工艺文件

(1)数控车削工序卡。可以把零件加工顺序、技术要求、机床设备、刀具、夹具集中反映在一张卡片上,一目了然,如表 4-1 所示。

表 4－1　数控车削工序卡

数控加工工序卡				产品名称		零件名称		零件图号
工序号	程序编号	夹具名称	夹具编号		使用设备		车　间	
工步号	工步内容	切削用量			刀　具		量　具	
		主轴转速 n (r/min)	进给速度 F (mm/r)	背吃刀量 a_p (mm)	编号	名称	编号	名称
编制		审核	批准		年　月　日		共 1 页	第 1 页

（2）数控走刀路线图。

在数控加工中，常常要注意并防止刀具在运动中与夹具、工件等发生意外的碰撞，必须设法告诉操作者关于编程中的刀具运动路线（如从哪里下刀，在哪里抬刀，哪里是斜下刀等），使操作者在加工前就有所了解并计划好夹紧位置及控制夹紧元件的高度，这样可以减少事故的发生。这些是程序卡和工序卡难以表达清楚的，用走刀路线图加以附加说明效果就会好很多，如表 4－2 所示。

表 4－2　数控走刀路线图

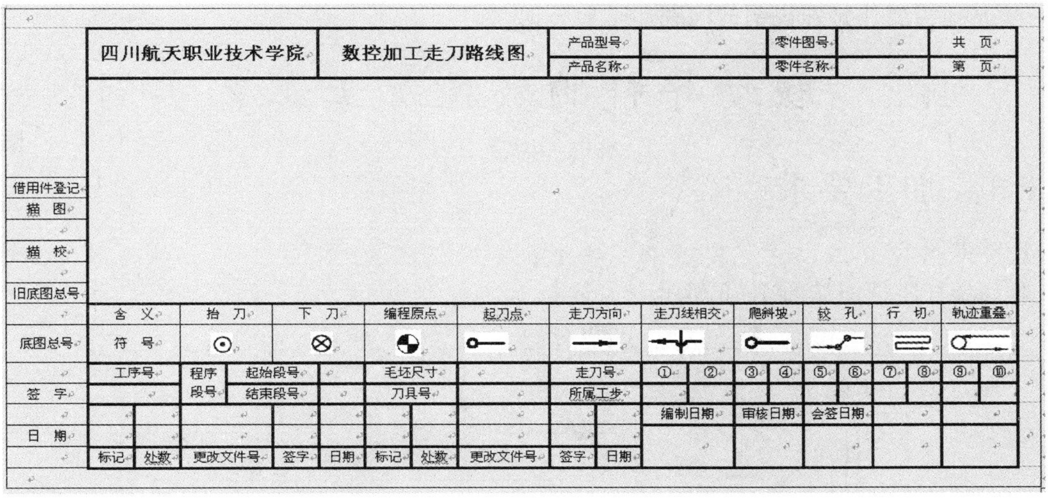

四川航天职业技术学院	数控加工走刀路线图	产品型号		零件图号		共　页
		产品名称		零件名称		第　页

借用件登记
描　图
描　校
旧底图总号
底图总号
签　字
日　期

含　义	抬　刀	下　刀	编程原点	起刀点	走刀方向	走刀线相交	爬斜坡	铰　孔	行　切	轨迹重叠
符　号										

工序号	程序段号	起始段号		毛坯尺寸		走刀号	①	②	③	④	⑤	⑥	⑦	⑧	⑨	⑩
		结束段号		刀具号		所属工步										

										编制日期	审核日期	会签日期		
标记	处数	更改文件号	签字	日期	标记	处数	更改文件号	签字	日期					

(3)数控刀具卡。

数控刀具卡的内容包括：与工步相对应的刀具号、刀具名称、型号、刀片型号和牌号、刀尖半径等，如表 4－3 所示。

表 4-3 数控刀具卡

产品名称或代号			零件名称		零件图号	1
序号	刀具号	刀具名称及规格	刀片型号	加工表面	刀尖半径（mm）	备注
编制		审核	批准		年 月 日	共 页　第 页

（4）程序及程序说明卡。由于操作者对程序的内容不清楚,对编程人员的意图不够了解,因此对程序进行必要的详细说明是很有用的,特别是对于那些需要长时间保存和使用的程序尤其重要。一般应对加工程序做出说明的主要有以下内容。

① 所用数控设备型号及控制机型号。

② 程序原点、对刀点及允许的对刀误差。

③ 工件相对于机床的坐标方向及位置。

④ 所用刀具的规格及其在程序中对应的刀具号（如：D03 或 T0101 等）,必须按实际刀具半径或长度加大或缩小补偿值的特殊要求（如用同一条程序、同一把刀具利用加大刀径补偿值进行粗加工）,更换该刀具的程序段号等。

⑤ 整个程序加工内容的顺序安排（相当于工步内容说明与工步顺序）,使操作者明白先干什么后干什么。

⑥ 子程序说明。对程序中编入的子程序应说明其内容,使人明白子程序的功用。

⑦ 其他需要作特殊说明的问题。

4.2 联动导杆的数控加工工艺实例

4.2.1 加工要求

1.零件图纸

联动导杆零件图如图 4-8 所示。

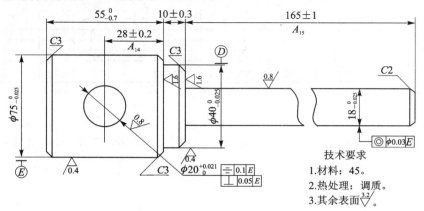

图 4-8 联动导杆零件图

2. 任务要求

零件材料 45 钢,小批量加工,毛坯材料尺寸 $\phi80$ mm×250 mm。完成联动导杆的数控加工工艺文件的制定。

4.2.2　数控加工工艺性分析

在确定数控加工零件及其加工内容后,应对零件的数控加工工艺性进行全面、认真、仔细地分析。它的主要内容包括产品的零件图分析、结构工艺性分析和零件的安装方式的选择等内容。

1. 零件图分析

首先进行零件图的完整性与正确性分析。构成零件轮廓的几何元素(点、线、面)的条件(如相切、相交、垂直和平行等)是数控编程的重要依据。手工编程时,要依据这些条件计算每一个节点的坐标,因此,我们要对给定的几何条件进行仔细的分析,看是否充分,是否准确。联动导杆结构较为简单,经过分析,此零件图的几何要素完整且正确。

其次对零件的技术要求进行分析,技术要求在保证零件使用性能的前提下,应经济合理,过高的精度和表面粗糙度要求会使工艺过程复杂、加工困难、成本提高。

根据联动导杆的零件图显示,3 段外圆柱面的尺寸精度均为 7 级,给出的零件图对表面粗糙度的要求相对有点高,$\phi75$ 和 $\phi40$ 外圆面达到 Ra0.4 mm,其余表面技术要求很全面。经过分析,此零件在利用数控车床加工后要进行外圆磨削以达到表面要求。$\phi20$ 的孔选择在钻床上进行加工。

2. 零件的结构工艺性分析

零件的结构工艺性分析是指所设计的零件在满足要求的前提下制造的可行性和经济性。良好的结构工艺性可以使零件加工容易,节省工时和材料。而较差的零件结构工艺性会使加工困难,浪费工时和材料,有时甚至无法加工。因此,零件各加工部位的结构工艺性应符合数控加工的特点。

首先,从表面精度及技术要求的角度进行分析。一般零件包括配合表面与非配合表面。配合表面有较高精度及技术要求,其加工工艺一般安排为:先粗车去除余量以接近工件形状,再半精车至留有余量的工件轮廓形状,最后精加工完成工件轮廓;而非配合表面因精度及技术要求较低,为提高生产率、延长刀具寿命,往往不安排精车或半精车工序。也就是说,粗加工时只对需精加工的部位留余量,这就需在编制粗加工工艺时,改变被加工工件精加工部位的尺寸。

根据联动导杆的实际情况,3 处重要的外圆面需要精加工,而左右两端面及倒角只需要安排粗加工即可。

其次,分析零件的悬伸结构。此零件的车削是在零件悬伸状态下进行的,在车削的过程中难免会引起工件的变形,所以需要采取一系列的措施,尽量减小工件的变形。一方面可以从刀具的角度来选择,主偏角选择尽量大些,常选为 93°,以减小背吃刀力;前角也尽量选择大些,一般选为 15°~30°,刃倾角选为正值,可选为 3°;刀尖圆弧半径选为小于 0.3 mm。另一方面可以从如何选择粗车循环方式来看,它有两种方式:一种是局部循环去除余量;另一种是整体循环去除余量。整体循环方式径向进刀次数少、效率高,但会在切削开始时就减小工件根部尺寸,削弱工件抵抗切削变形能力;局部循环方式增加了径向进刀次数,降低了加工效率,但工件抵抗切削变形能力增强。结合联动导杆的外形,零件的总长为 230 mm,悬伸量比较长,但根部尺寸较大,可以不考虑工件的切削变形能力,所以为了提高生产效率和方便数控编程,我们采用整体循环的方式。

4.2.3 数控加工工艺路线设计

工艺路线的拟定是制定工艺规程的重要内容之一,其主要内容包括:选择定位基准、选择加工方法、划分加工阶段、安排工序等。在实际加工中,我们应该结合零件的实际情况和现有的生产条件,制定出最佳的工艺路线。

1. 工序的划分

工序的划分一般分为两个原则,即工序集中和工序分散的原则。工序集中的原则的优点是有利于提高生产效率,减少工序数目,缩短工艺路线,减少机床数量、操作工人数和占地面积,减少工件的装夹次数;其缺点是专用设备和工艺装备投资大,生产准备周期较长。工序分散原则的优点是加工设备和工艺设备结构简单,有利于选择合理的切削用量,减少机动时间;缺点是工艺路线较长,所需设备及工作人数多,占地面积大。我们所加工的零件要用到数控车床,钻床和磨床,其中数控车床加工的部分只需两次装夹就能完成,所以,我们采用工序集中的原则。

工序划分的方法有按零件装夹定位方法划分工序、按粗精加工划分工序、按所用刀具划分工序。结合实际加工的零件,分为粗车、半精车、磨削,其中在车的过程中,要用到多把车刀,所以不可避免的要更换刀具,为了减少换刀次数,压缩空程时间,减少不必要的定位误差,可按刀具集中工序集中的方法,即在一次装夹中,尽可能用同一把刀具加工出可能加工的所有部位,然后再换另一把刀加工其他部位。

具体的工序如下。

工序 10 数车

    工步 1:车端面;

    工步 2:粗车外轮廓(外轮廓循环);

    工步 3:半精车外轮廓、倒角;

    工步 4:切断;

    工步 5:掉头,车大端面,倒角;

工序 20 钻孔

工序 30 磨削

工序 40 去毛刺,清理

2. 数控加工工艺与传统加工工序的衔接

数控加工工序前后一般都穿插有其他普通加工工序,如衔接得不好就容易产生矛盾。因此在熟悉整个加工工艺内容的同时,要清楚数控加工工序与普通加工工序各自的技术要求、加工目的、加工特点,这样才能使各工序达到相互满足加工需要,且质量目标及技术要求明确,交接验收有依据。

结合实际的待加工零件来确定。因为零件的形状比较简单,零件的表面由不同的特征组成,在整个切削过程中,外圆表面的粗加工及半精加工和端面加工采用的是数控车床加工,外圆表面的精加工和孔的加工采用传统工序,最后的清理、去毛刺采用的也是传统的工序。

4.2.4　数控加工工序设计

当数控加工工艺路线确定之后,各道工序的加工内容已基本确定,数控加工工序设计的主要任务是为每一道工序选择夹具、刀具及量具,确定定位夹紧方案、走刀路线与工步顺序、加工余量、切削用量等。

1. 进给路线的确定

进给路线泛指刀具从对刀点(或机床固定原点)开始运动起,直到返回该点并结束加工程序所经过的路径,包括切削加工的路径及刀具切入、切出等非切削空行程。进给路线的确定要遵循一定的原则。

首先粗加工的进给路线的确定原则大致有三点,如下。

(1) 最短的空行程路线,就是刀具在走空行程的时候,在不影响加工零件或不与工件发生碰撞的情况下,尽量让刀具走最短的路线。实现空行程路线最短的方法有:巧设起刀点(见图 4 - 9)、合理安排"回零"路线、巧设换刀点。

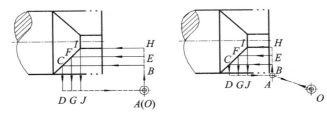

图 4 - 9　巧设起刀点

(2) 最短的切削进给路线,就是在能满足零件的加工要求和加工精度的情况下,使切削路线最短,这样不仅给编程带来了方便,也节省了工时,降低了工人的劳动强度,降低刀具和机床损耗。图 4 - 10 所示为 3 种不同的轮廓粗车切削进给路线,其中图 4 - 10(a)所示为利用数控系统具有的封闭式复合循环功能控制车刀沿工件轮廓线进给的路线;图 4 - 10(b)所示为三角形循环进给路线;图 4 - 10(c)所示为矩形循环进给路线,其路线的总长为最短,因此,在同等切削条件下,切削时间最短,刀具损耗最少。

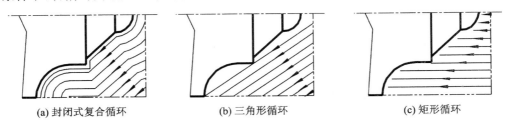

(a) 封闭式复合循环　　　　　(b) 三角形循环　　　　　(c) 矩形循环

图 4 - 10　粗车进给路线示例

(3) 大余量毛坯的阶梯切削进给路线。图 4 - 11 所示为车削大余量工件的两种加工路线,分别沿 1→5 顺序切削。在同样背吃刀量的条件下,图 4 - 11(a)所示方式加工所剩的余量过多,是错误阶梯切削路线;而图 4 - 11(b)所示每次切削所留余量相等,是正确的阶梯切削路线。

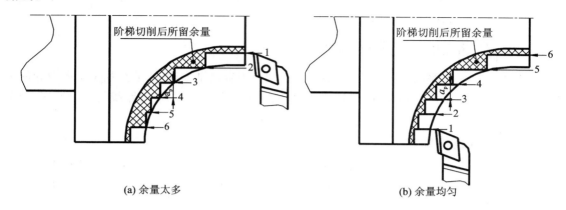

(a) 余量太多　　　　　　　　　　　　(b) 余量均匀

图 4-11　大余量毛坯的阶梯切削进给路线

其次是精加工的进给路线确定的原则。精加工工序一般由一刀连续加工而成,这时,加工刀具的进、退刀位置要考虑妥当,尽量不要在连续的轮廓中安排切入和切出或换刀及停顿;另外,刀具切入、切出方向应尽量沿工件表面切线方向,以免因切削力突然变化而造成弹性变形,致使光滑连接轮廓上产生表面划伤、形状突变或滞留刀痕等缺陷。

根据以上所说的原则,结合我们的待加工零件,确定的进给路线如下。

工步 1:车端面。

如图 4-12 所示,工步 1 的内容是车端面,全部的路线是外圆车刀从换刀点到循环起点,然后利用径向单一固定循环指令(G94)完成端面加工。

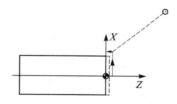

图 4-12　工步 1 走刀路线

工步 2:粗车外轮廓。

如图 4-13 所示,工步 2 的内容是粗车外轮廓,全部的路线是从循环起点开始,利用轴向复合固定循环指令(G71)完成轮廓加工。

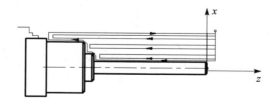

图 4-13　工步 2 走刀路线

工步 3:半精车外轮廓。

如图 4-14 所示,工步 3 的内容是半精车外轮廓,全部的路线是从循环起点开始,利用精车循环指令(G70)完成轮廓加工;外圆车刀快速回换刀点。

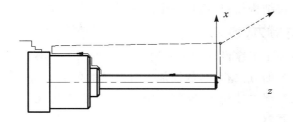

图 4 - 14　工步 3 走刀路线

工步 4:切断。

如图 4 - 15 所示,工步 4 的内容是切断,全部的路线是切槽刀从换刀点开始,快速定位到切削起点,沿径向走刀切断工件;切槽刀快速回换刀点。

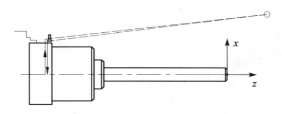

图 4 - 15　工步 4 走刀路线

工步 5:掉头,车大端面,倒角。

如图 4 - 16 所示,工步 5 的内容是工件掉头、车大端面、倒角,全部的路线是外圆车刀从换刀点快速定位到起点,下刀接近工件,然后利用直线插补指令(G01)完成端面加工,再倒角;刀具快速回换刀点。

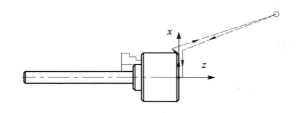

图 4 - 16　工步 5 走刀路线

2. 装夹方案的确定

工件的安装需要遵循一些基本的原则,在数控机床上,工件安装的原则与普通机床相同,也要合理地选择定位基准和夹紧方案。为了提高数控机床的效率,在确定定位基准和夹紧方案的同时应该注意以下几点。

(1)力求设计基准、工艺基准与编程计算的基准统一。

(2)尽量减少装夹次数,尽可能在一次定位夹紧后就能加工出所有的内容。

(3)避免采用占机人工调整式方案,以充分发挥数控机床的效能。

此次加工我们采用的是 CJK0620 卧式数控车床,采用的夹具是三爪卡盘,并且在一次装夹的情况下能加工出所有的内容。

此次加工轴类零件,采用的是三爪卡盘,并且批量较小,不需要采用气动或者液压夹具、多工位夹具。三爪卡盘不仅结构简单,而且完全能满足生产的需要。

3．刀具的选择与对刀、换刀

刀具的选择是数控加工工序设计的重要内容之一,它不仅影响机床的加工效率,而且直接影响到加工质量。与传统的方法相比,数控加工对刀具的要求更高,不仅要求精度高、强度大、刚度好、耐用度高,而且要求尺寸稳定、安装调整方便,这就要求选用优质材料的刀具,并合理选择刀具的结构和几何参数。

根据此次加工的轴类零件的实际情况,我们需要车外圆及端面,要用到外圆车刀;用切槽刀完成零件的切断。具体的刀具如图 4-17 所示。

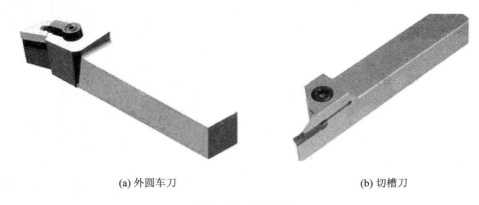

(a) 外圆车刀　　　　　　　　　　　　　　　　　(b) 切槽刀

图 4-17　所用刀具

数控车床在对刀的过程中要注意对刀点与换刀点的确定,它是数控加工工艺分析的重要内容之一。对刀点是数控加工时刀具相对零件运动的起点,又称起刀点,也就是程序运行的起点。对刀点选定后,即可确定机床的坐标系和零件坐标系的相互位置关系。

对刀点可选在零件或者夹具上。为提高零件的加工精度,减少对刀误差,对刀点应尽量选择在零件的设计基准或者工艺基准上。对于车削加工,通常将对刀点选择在工件外端面的中心上。

加工过程中需要换刀时应规定换刀点。所谓"换刀点"是指刀架转位换刀时的位置。该点可以是某一固定点(如加工中心机床,其换刀机械手的位置是固定的),也可以是任意的一点(如车床)。换刀点应设在工件或夹具的外部,以刀架转位时不碰工件及其他部件为准。

4．切削用量的确定

1) 粗加工时切削用量的选择

粗加工时应尽快地切除多余的金属,同时还要保证规定的刀具耐用度。实践证明,对刀具耐用度影响最大的是切削速度,影响最小的是背吃刀量。

(1) 背吃刀量的选择。在机床条件允许的条件下,应尽可能选取较大的背吃刀量,使大部分金属在一次或者少数几次走刀中切除。结合此次要加工的零件,毛坯的直径是 80 mm,而且加工余量大且不均匀,所以确定粗加工的被吃刀量是 1.5 mm。

(2) 进给量的选择。根据机床—夹具—工件—刀具组成的工艺系统的刚性,尽可能选择较大的进给量。根据公式的计算,再根据零件加工的实际情况,粗加工我们选择 0.2 mm/r。

（3）切削速度的选择。根据工件的材料和刀具的材料确定切削速度，使之在已选定的背吃刀量和进给量的基础上能够达到规定的刀具耐用度。粗加工的切削速度一般选用中等或者较低的数值。结合此次零件的实际情况，在确定了背吃刀量和进给量的基础上，我们选择机床主轴转速为 800 r/min。

2）精加工时切削用量的选择

精加工时，首先应保证零件的加工精度和表面质量，同时也要考虑到刀具的耐用度和获得较高的生产率。

（1）背吃刀量的选择。精加工通常选用较小的被吃刀量来保证零件的加工精度。此次加工的轴类零件，我们选用的背吃刀量为 0.25 mm。

（2）进给量的选择。进给量的大小主要依据表面粗糙度要求来选取，表面粗糙度越小，则越应选取较小的进给量。半精加工我们选择 0.1 mm/r。

（3）切削速度的选择。精加工的切削速度选择应避开积屑瘤形成的切削速度区域。在确定了被吃刀量和进给量的情况下，半精加工我们选择的机床主轴转速为 1 000 r/min。

4.2.5　数控加工工艺规程文件编制

编写数控加工专用技术文件是数控加工工艺设计的内容之一。这些专用技术文件既是数控加工的依据，也是需要操作者遵守、执行的规则，有的则是加工程序的具体说明，目的是让操作者更明确程序的内容、安装与定位方式、各个加工部位所选用的刀具及其他问题。其具体包括数控加工编程任务书、数控机床调整单、数控加工工序卡片、数控加工进给路线图、数控加工刀具卡片、数控加工程序单。

1. 数控加工编程任务书

数控加工编程任务书记载并说明了工艺人员对数控加工工序的技术要求、工序说明和数控加工前应保证的加工余量，是编程员与工艺人员协调工作和编制数控程序的重要依据之一。具体的内容如表 4-4 所示。

表 4-4　编程任务书

四川航天职业技术学院	数控加工编程任务书	产品图号	0031-1	任务书编号	
		零件名称	联动导杆	CK-2013802	
		使用设备	CJK0620	共 1 页第 1 页	
主要工序说明及技术要求： 1. 联动导杆外轮廓经过粗车、半精车、磨削以及钻孔达到技术要求，其中粗车、半精车工序由数控车床 CJK0620 完成。 2. 技术要求见零件图。 3. 半精车编程注意留磨削余量。					
收到编程时间				经手人	
编制	审核	编程	审核	批准	

2. 数控加工工序卡片

数控加工工序卡是编制加工程序的主要依据和操作人员配合数控程序进行数控加工的主要指导性工艺文件。联动导杆的工序卡如表 4-5 所示。

表4-5　联动导杆数控加工工序卡

数据加工工序卡		产品名称		零件名称		零件图号
				联动导杆		0031－1－01
工序号	程序编号	夹具名称	夹具编号	使用设备		车间
10	O1113	三爪卡盘		CJK0620		数控实训中心

工步号	工步内容	切削用量			刀具		量具	
		主轴转速 n（r/min）	进给速度 F（mm/r）	背吃刀量 a_p（mm）	编号	名称	编号	名称
1	车端面	800	0.1	1	T0101	93°外圆车刀	1	游标卡尺
2	粗车外轮廓	800	0.2	1.5	T0101	93°外圆车刀	1	游标卡尺
3	半精车外轮廓	1 000	0.1	0.25	T0101	93°外圆车刀	1	游标卡尺
4	倒角	1 000	0.1	0.25	T0101	93°外圆车刀	1	游标卡尺
5	切断	1 000	0.2	0.25	T0202	切槽刀	1	游标卡尺
6	掉头车端面	1 000	0.1	0.25	T0101	93°外圆车刀	1	游标卡尺
7	倒角	1 000	0.1	0.25	T0101	93°外圆车刀		游标卡尺
编制		审核		批准		年　月　日	共 1 页	第 1 页

3. 数控加工进给路线图

数控加工进给路线图主要反映加工过程中刀具的运动轨迹,其作用是:一方面方便编程人员编程;另一方面帮助操作人员了解刀具的进给轨迹(如:从哪里下刀、在哪里抬刀、哪里是斜下刀等),以便确定夹紧和控制夹紧元件的位置。为简化进给路线图,一般可根据不同机床采用统一约定的符号来表示。

表4-6给出了联动导杆数控加工的部分走刀路线图。

表4-6　联动导杆数控加工走刀路线图

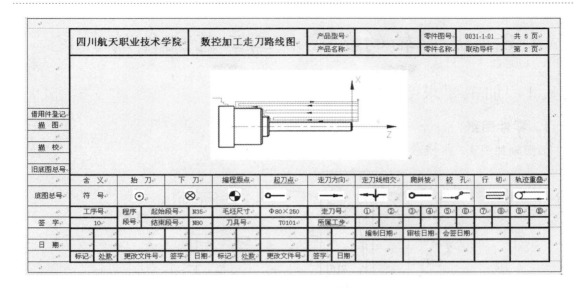

4．数控加工刀具卡片

刀具卡片是组装刀具和调整刀具的依据,主要包括刀具编号、刀具结构、尾柄规格、组合件名称代号、刀片型号和材料等信息。数控加工前,一般要依据刀具卡片在机外对刀仪上预先调整刀具直径和长度。

联动导杆的数控加工刀具卡如表 4 – 7 所示。

表 4 – 7　联动导杆数控加工刀具卡片

产品名称或代号			零件名称	联动导杆	零件图号	0031－1－01
序号	刀具号	刀具名称及规格	刀片型号	加工表面	刀尖半径（mm）	备注
1	T0101	93°外圆车刀	CCMT090708	车端面、轮廓	0.8	
2	T0202	5 mm 切槽刀	LCGR120404	切断		宽 5 mm
编制		审核		批准	年　月　日	共 1 页　第 1 页

5．数控加工程序单

数控加工程序单是编程员根据工艺分析情况,经过数值计算,按照机床指令代码编制的用于控制机床加工运动的程序代码,它是记录数控加工工艺过程、工艺参数、位移数据的清单。数控加工程序单编制完成后,可通过 DNC 或手工从面板输入到数控装置里,运行此程序即可控制机床自动运行,加工出所要求的零件。

4.3 弧形轴的数控加工工艺文件的制定

4.3.1 加工要求

1. 零件图纸

弧形轴如图 4-18 所示。

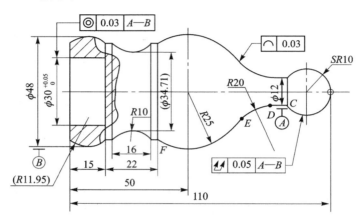

图 4-18 弧形轴零件图

2. 任务要求

零件材料 45 钢,小批量加工,毛坯尺寸 $\phi55$ mm×130 mm。表面粗糙度均为 Ra3.2。完成弧形轴的数控加工工艺文件的制定。

4.3.2 数控加工工艺性分析

在确定数控加工零件及其加工内容后,应对零件的数控加工工艺性进行全面、认真、仔细地分析。它的主要内容包括产品的零件图分析、结构工艺性分析和零件的安装方式的选择等内容。

1. 零件图分析

首先进行零件图的完整性与正确性分析。工件的整体轮廓包含较多的连接圆弧表面,各圆弧连接处光滑连接,构成零件轮廓的几何元素(点、线、面)的条件(相切等),完整且正确。

其次对零件的技术要求进行分析。根据弧形轴的零件图显示,各表面尺寸精度、表面粗糙度要求不高;内外表面有同轴度要求;弧面有轮廓度要求;球面有全跳动要求。经过分析,此零件的加工重点是保证 $\phi30_0^{+0.05}$ 孔、SR10 球面、R20 弧面与基准 $A-B$ 的形位公差的要求及各圆弧与圆弧、直线与圆弧之间的光滑连接。

利用数控车床进行粗车、精车即可达到要求。

2. 零件的结构工艺性分析

从零件的总体结构来看,没有方便装夹的部位,所以外轮廓可以考虑一个一次安装加工完成的工艺方法,从 $SR10$ 球头一端开始,直至工件的最左端的 $R11.95$ 的圆弧,最后将工件切断。该零件形状变化较多,且形位公差的要求较多,在制定加工工艺时需统筹考虑。

本任务两端轮廓的形位公差要求较高,为保证这些形位公差,应选用合适的夹具进行装夹,装夹后应进行精确的校正。

4.3.3　数控加工工艺路线设计

1. 工序的划分

本零件无法在一次安装下加工完成零件的全部内、外轮廓,需两次装夹。因此按照零件的装夹次数来划分工序。

具体的工序如下。

工序 10 数车

(第一次安装,夹毛坯外圆,车削零件左端轮廓到尺寸要求)

工步 1:车端面;

工步 2:车外圆到尺寸 $\phi 42$ mm×33 mm;

工步 3:打中心孔;

工步 4:钻底孔至 $\phi 26$ mm;

工步 5:粗镗内孔留 0.4 mm 精镗余量;

工步 6:精镗内孔至图示尺寸。

工序 20 数车

(第二次装夹,夹持 $\phi 48.5$ 外圆处,工件伸出卡盘端面的长度 118 mm 左右)

工步 1:粗车外形轮廓,留 0.4 mm 精加工余量;

工步 2:精车外形轮廓到图示技术要求;

工步 3:切断,保证总长 110 mm。

2. 数控加工工序设计

根据本零件的工序划分以及具体的工步内容,确定进给路线如下。

工序 10 数车

工步 1:车端面。

如图 4-19 所示,工步 1 的内容是车端面,全部的路线是外圆车刀从换刀点到循环起点,然后利用径向单一固定循环指令(G94)完成端面加工。

工步 2:车外圆到尺寸 $\phi 42$ mm×33 mm。

如图 4-20 所示,工步 2 的内容是车外圆,全部的路线是外圆车刀从起刀点按径向循环进行切削。

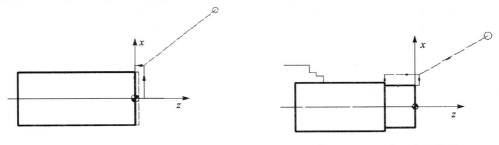

图 4-19　工步 1 走刀路线　　　　　　　图 4-20　工步 2 走刀路线

工步 3:钻中心孔。

如图 4-21 所示,工步 3 的内容是钻孔,全部的路线是中心钻从起刀点快速定位到切削起点,按直线插补(G01)方式进给、退出,返回起刀点。

工步 4:钻底孔至 $\phi26$ mm,深度 35 mm。

如图 4-22 所示,工步 4 的内容是钻孔,全部的路线是麻花钻从起刀点快速定位到切削起点,按直线插补(G01)方式进给、退出,返回起刀点。

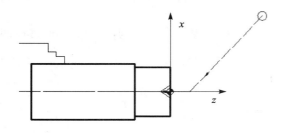

图 4-21　工步 3 走刀路线

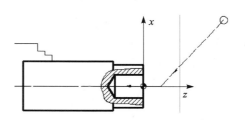

图 4-22　工步 4 走刀路线

工步 5:粗镗内孔留 0.4 mm 精镗余量。

如图 4-23 所示,工步 5 的内容是粗镗孔,全部的路线是粗镗刀从起刀点快速定位到循环起点,按径向循环(G71)方式切削,返回起刀点。

工步 6:精镗内孔至图示尺寸。

如图 4-24 所示,工步 6 的内容是精镗孔,全部的路线是精镗刀起刀点快速定位到循环起点,按精车循环(G70)方式切削,返回起刀点。

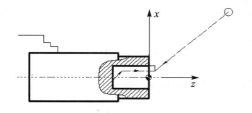

图 4-23　工步 5 走刀路线

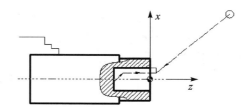

图 4-24　工步 6 走刀路线

工序 20 数车

第二次装夹,夹持 $\phi42$ 外圆处,工件伸出卡盘端面的长度 118 mm 左右。

工步 1:粗车外形轮廓,留 0.4 mm 精加工余量。

如图 4-25 所示,工步 1 的内容是粗车右端外轮廓,全部的路线是外圆车刀快速定位到循环起点,按仿形粗车循环(G73)方式进行加工,结束后快速退回起刀点。

工步 2:精车外形轮廓到图示技术要求;

如图 4-26 所示,工步 2 的内容是精车右端外轮廓,全部的路线是外圆精车刀快速定位到循环起点,按精车循环(G70)方式进行加工,结束后快速退回起刀点。

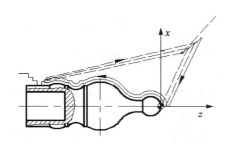

图 4 - 25   工步 1 走刀路线

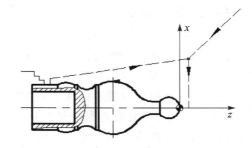

图 4 - 26   工步 2 走刀路线

工步 3：切断，保证总长 110 mm。

如图 4 - 27 所示，工步 3 的内容是切断，全部的路线是切槽刀从换刀点开始，快速定位到切削起点，沿径向走刀切断工件；切槽刀快速回换刀点。

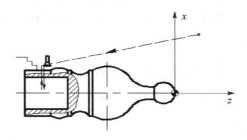

图 4 - 27   工步 3 走刀路线

3. 装夹方案的确定

此次加工我们采用的是 CJK0620 卧式数控车床，采用的夹具是三爪卡盘，分两次装夹。第一次装夹选用毛坯外轮廓作为粗基准，第二次装夹选用第一次装夹加工出来的 $\phi48.5$ 外轮廓作为精基准。

4. 刀具的选择

根据此次加工零件的实际情况，我们需要车外圆，要用到外圆车刀；内孔加工需要中心钻、麻花钻和内孔粗车刀、精车刀；用切槽刀完成零件的切断。

具体的内孔加工刀具如图 4 - 28 所示。

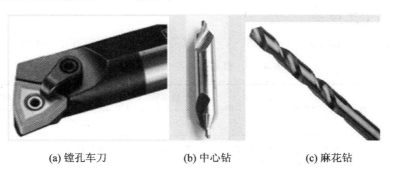

(a) 镗孔车刀   (b) 中心钻   (c) 麻花钻

图 4 - 28   所用内孔刀具

5．切削用量的确定

1）粗加工时切削用量的选择

（1）背吃刀量的选择。结合此次要加工的零件,确定外圆粗加工的背吃刀量是 1.5 mm；钻中心孔时背吃刀量是 1.5 mm。

（2）进给量的选择。根据零件加工的实际情况,粗加工我们选择 0.25 mm/r；钻中心孔时进给量是 0.1 mm/r；钻孔时进给量是 0.08 mm/r。

（3）切削速度的选择。结合此次零件的实际情况,外圆加工选择机床主轴转速为 800 r/min；钻中心孔时主轴转速为 700 r/min；钻孔时主轴转速为 400 r/min。

2）精加工时切削用量的选择

（1）背吃刀量的选择。此次加工的弧形轴零件,我们选用外轮廓精加工的背吃刀量为 0.2 mm。

（2）进给量的选择。外轮廓及内孔精加工我们选择 0.08 mm/r。

（3）切削速度的选择。外轮廓精加工我们选择的机床主轴转速为 1 200 r/min,内孔精加工我们选择的机床主轴转速为 800 r/min。

4.3.4 数控加工工艺规程文件编制

1．数控加工编程任务书

具体的内容如表 4-8 所示。

表 4-8 编程任务书

四川航天职业 技术学院	数控加工编程任务书	产品图号	0031-96	任务书编号
		零件名称	弧形轴	CK-2013106
		使用设备	CJK0620	共 1 页第 1 页
主要工序说明及技术要求： 1. 弧形轴内、外轮廓经过钻孔、镗孔；粗车、精车达到技术要求,由数控车床 CJK0620 完成。 2. 技术要求见零件图。				
收到编程时间			经手人	
编制	审核	编程	审核	批准

2．数控加工工序卡

弧形轴的工序卡见表 4-9 和表 4-10,请同学根据 4.2 节的方法自行完成。

表 4-9 弧形轴数控加工工序卡一

数控加工工序卡			产品名称	零件名称	零件图号
				弧形轴	06
工序号	程序编号	夹具名称	夹具编号	使用设备	车间
10	O1115	三爪卡盘			数控实训中心

数控加工工序卡		产品名称		零件名称		零件图号	
				弧形轴		06	
工步号	工步内容	切削用量			刀具		具名称	备注
		主轴转速 n（r/min）	进给速度 F（mm/r）	背吃刀量 a_p（mm）	编号	名称		
1								
2								
3								
4								
5								
6								
编制		审核		批准		共 1 页	第 1 页

表 4 - 10　弧形轴数控加工工序卡二

数控加工工序卡		产品名称		零件名称		零件图号	
				弧形轴		06	
工序号	程序编号	夹具名称	夹具编号	使用设备		车间	
20	O1116	三爪卡盘				数控实训中心	
工步号	工步内容	切削用量			刀具		量具名称	备注
		主轴转速 n（r/min）	进给速度 F（mm/r）	背吃刀量 a_p（mm）	编号	名称		
1								
2								
3								
编制		审核		批准		共 1 页	第 1 页

3. 数控加工进给路线图

请同学根据 4.2 节联动导杆的数控加工工艺中，数控加工进给路线的绘制方法绘制弧形轴走刀路线图，表格格式如表 1 - 6 所示。

4. 数控加工刀具卡

弧形轴的数控加工刀具卡如表 4 - 11 所示。

表 4 - 11　弧形轴数控加工刀具卡

产品名称或代号			零件名称	弧形轴	零件图号	06
序号	刀具号	刀具名称及规格	刀片型号	加工表面	刀尖半径（mm）	备注
1	T0101	90°外圆车刀	CCMT090708	车端面及外圆 ϕ48.5 mm×33 mm	0.8	

产品名称或代号			零件名称	弧形轴	零件图号	06
序号	刀具号	刀具名称及规格	刀片型号	加工表面	刀尖半径(mm)	备注
2	T0202	中心钻 A3		钻中心孔		
3	T0303	$\phi26$ 麻花钻		钻孔到 $\phi26$ mm		
4	T0404	内孔粗车刀		粗车 $\phi30$ 内孔		
5	T0505	内孔精车刀		精车 $\phi30$ 内孔		
6	T0606	菱形外圆车刀		粗车外轮廓		
7	T0707	菱形外圆车刀		精车外轮廓		
	T0808	3 mm 切槽刀		切断		
编制		审核		批准	年 月 日	共1页 第1页

4.4 排气阀数控加工工艺文件的制定

4.4.1 加工要求

1. 零件图纸

排气阀零件如图 4 - 29 所示。

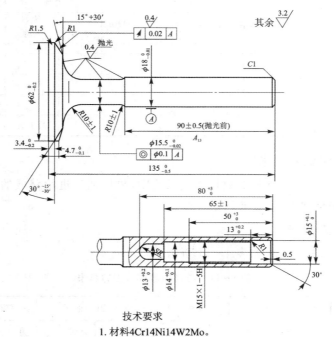

技术要求

1. 材料4Cr14Ni14W2Mo。
2. 热处理硬度197~285 HBW。

图 4 - 29 排气阀

2．任务要求

零件材料为不锈钢，小批量加工，毛坯为锻件，见图 4 - 30。

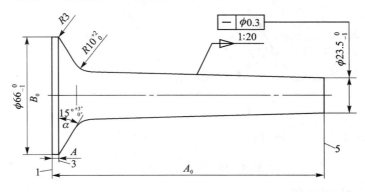

图 4 - 30　排气阀毛坯

4.4.2　数控加工中螺纹的加工方法

此零件带有螺纹结构，因此需要了解螺纹加工工艺处理方法。车削螺纹是数控车床常见的加工任务。数控车床可以加工圆柱螺纹、圆锥螺纹与端面螺纹，可加工三角形、梯形与矩形螺纹，还可加工多段连续螺纹、恒螺距及变螺距螺纹等，工艺范围很宽。实际加工中多见三角形圆柱螺纹，下面将分析这种螺纹加工工艺处理方法，其余螺纹加工方法与此类似。

1．三角形圆柱螺纹切削方式

数控车削螺纹的切削方式往往由所使用的机床、数控系统、零件的材料和螺距所确定。通常车螺纹的切削方式有以下 4 种。

（1）径向切削。刀具径向直接进刀，如图 4 - 31(a)所示。螺纹车刀的左右两侧刃都参加切削，两侧面均匀磨损，能保证螺纹牙型清晰，两侧刃所受的侧向切削分力抵消，可避免车刀偏歪的现象。但车刀左右两侧同时切削，切削力较大，存在排屑较困难、散热不好、受力集中、容易产生"啃刀"等问题；当进给量过大时，还可能产生"扎刀"现象。径向切削螺纹适用于螺距为1.5 mm 下的螺纹车削，编程较为简单。

（2）单侧面切削。刀具以和径向成30°进刀切削，如图 4 - 31(b)所示。其优点是切屑从刀刃上卷起，形成条状或卷状屑，切削热分布在一侧切削刃上，散热较好。其缺点是另一切削刃因不切削而发生摩擦，这会导致积屑瘤、粗糙度不佳以及因摩擦产生热使工件硬化，故常对此方法进行改良。

（3）改良的侧面切削。刀具以和径向成 27°～30°角进刀切削，如图 4 - 31(c)所示。刀刃两面切削，形成卷状屑，排屑流畅，散热好，且螺纹表面粗糙值较小。虽然其编程不如径向切削简便，但是不锈钢、合金钢和碳素钢刀具车螺纹的最佳选择，约 90% 螺纹皆用此法加工，大多数数控系统都采用这种切削方式加工螺纹。

（4）左、右侧面交替切削。每次做径向进给时，横向向左或向右移动一小段距离，以达到车刀只有一侧参加切削，如图 4 - 31(d)所示。这样，排屑比较顺利，车刀受力情况也得到了改善，磨损均匀，可提高刀具的使用寿命，加工出来的螺纹表面粗糙值也较小。但此法数控程序的编程比较复杂,且由于刀刃单向受轴向分力的作用,将会增大螺纹牙型的误差。此方法一般适用于通用车床和螺距在 3 mm 以上的螺纹加工。

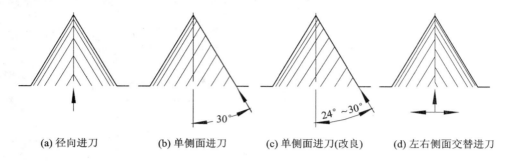

(a) 径向进刀   (b) 单侧面进刀   (c) 单侧面进刀(改良)   (d) 左右侧面交替进刀

图 4 - 31   螺纹车削进刀方式

2. 螺纹加工数据处理

(1)螺纹加工的前提条件。数控车床必须装备主轴位置测量装置,以使主轴转速与刀具进给同步。同时,加工多头螺纹通过主轴起点位置偏移来实现。如图 4 - 32 所示,加工双头螺纹起点位置在圆周方向偏移值 SF 相差 180°。

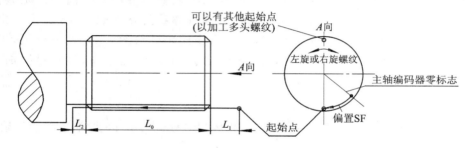

图 4 - 32   螺纹车削示意图

(2)轴向进给设置适当的空刀导入量和空刀退出量。螺纹车削要求沿螺距方向的 z 向进给应和车床主轴的旋转保持严格的速比关系,故应避免在进给机构加速或减速过程中切削。为此,轴向进给应当设置适当的空刀导入量和空刀退出量。如图 4 - 32 所示,空刀导入量和空刀退出量的数值与机床传动系统的动态特性、螺纹的螺距和精度有关,一般取 $L_1 \geqslant 2P$、$L_2 \geqslant 0.5P$,其中 P 为螺距或导程。实际刀具轴向行程为:

$$L = L_1 + L_0 + L_2$$

(3)螺纹车削不能使用恒线速切削功能。车削螺纹时,x 轴的直径值是逐渐减小的,若使用恒线速切削功能使主轴回转,则工件将以非固定转速回转,随工件直径减小而增大转速,会使 f 指定的导程值产生变动而发生乱牙现象。

(4)螺纹牙型加工参数。车削螺纹总切深是螺纹牙型高度,即螺纹牙型上牙顶到牙底之间垂直于螺纹轴线的距离,如图 4 - 33 所示的 h。

数控车削螺纹需要给定螺纹相关参数,如螺纹大径、小径和导程,据此可计算出螺纹总切深。粗加工时如果螺纹牙型高度较深、螺距较大,可分数次进刀,每次进刀的深度用螺纹牙型高度减精加工预留量所得的差值按递减规律分配。

螺纹牙型参数可查阅国家标准 GB/T 192~197-2003,也可按下列近似公式计算:螺纹

牙型理论高度 $H\approx0.866P$；螺纹牙型高度 $h=5H/8\approx0.541\,3P$；螺纹大径＝螺纹公称直径；螺纹小径≈螺纹大径－$2\times h$。其中，P 为螺距或导程。

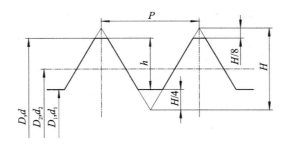

图 4－33　螺纹牙型高度示意图

4.4.3　零件的工艺性分析

参照 4.2 节和 4.3 节的方法，请自主进行零件结构工艺性及精度分析，确定零件的加工方法、工艺路线、装夹方案，走刀路线、切削参数等。

4.4.4　数控加工工艺规程文件编制

参照 4.2 节和 4.3 节的方法，请填写数控加工编程任务书、数控加工工序卡、走到路线图、刀具卡等，原始表格参见表 1－1 至 1－5 所列。

本章小结

本章介绍了数控车削零件的工艺分析方法和工艺过程的拟定原则与步骤，并以典型零件联动导杆和弧形轴为例详细分析了加工工艺过程以及填写工艺文件的方法。排气阀则要求读者结合相关理论自己完成工艺文件的填写，达到举一反三的目的。通过本章的学习，应做到正确分析轴类零件的数控车削加工工艺，制定工艺方案，编写相关加工程序。

习　题

一、填空题

1. 工步安排的原则包括＿＿＿＿＿＿ 、先近后远、＿＿＿＿＿＿、内外交叉等。
2. 粗加工时在系统刚性允许的条件下，应选择较大的＿＿＿＿＿ ，以提高加工效率。
3. 粗加工时确定进给路线的原则是空行程少、＿＿＿＿＿、大余量阶梯切削。
4. 对刀点指＿＿＿＿＿＿＿＿＿＿＿。
5. 换刀点指＿＿＿＿＿＿＿＿＿＿＿。

二、选择题

1. 数控加工划分工序的方法有＿＿＿＿＿。

A. 按刀具划分　　　B. 按加工部位划分　　　C. 按粗、精加工划分　　　D. 以上三者

2. 工件应尽量在多个工序中采用同一个精基准定位,这是_____原则。

A. 基准统一　　　B. 基准重合　　　C. 自为基准　　　D. 互为基准

3. 数控加工工序集中的主要目的是_____。

A. 缩短换刀时间　　B. 缩短空行程　　C. 减少重复定位误差　　D. 减少编程量

4. 精基准的选择原则不包括_____。

A. 基准统一　　　B. 基准重合　　　C. 自为基准　　　D. 便于对刀

5. 精加工的切削用量以_____为主。

A. 提高生产率　　　B. 保证质量　　　C. 降低切削功率　　　D. 以上兼顾

三、判断题

1. (　　)数控加工工序与普通加工工序完全相同。

2. (　　)所有的轴类零件都可以采用数控加工从而提高效率和质量。

3. (　　)粗基准不能重复使用。

4. (　　)精加工时应该一刀连续走刀完成。

5. (　　)换刀点是机床上的一个固定点。

四、简答题

1. 数控车削的加工内容怎样选择?

2. 数控加工零件图的工艺分析包括哪些主要内容?

3. 数控加工工序划分原则有哪些?

4. 选择切削用量的原则是什么?粗、精加工时选择切削用量有何不同?

5. 确定走刀路线主要考虑哪些原则?

五、分析题

1. 分析如图 4 - 34 所示法兰盘的数控车削加工工艺,材料 45 钢,毛坯为 $\phi85$ mm×50 mm 的实心棒料。

2. 分析如图 4 - 35 所示轴套的数控车削加工工艺,填写相关工艺文件。零件材料 45 钢,毛坯为 $\phi35$ mm×70 mm 的棒料。

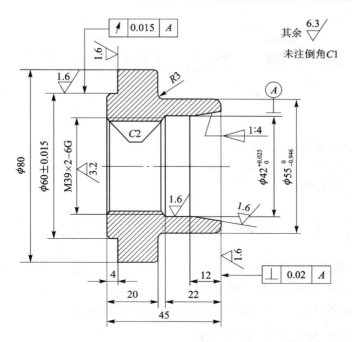

图 4 - 34 法兰盘

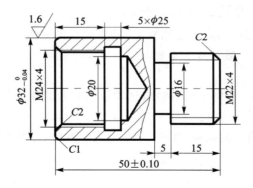

图 4 - 35 轴套

第5章 数控铣削加工工艺

【学习目标】
① 理解数控铣削加工工艺的内容。
② 掌握数控铣削加工工艺的制定原则与方法。
③ 编制合理的数控铣削工艺文件。

5.1 数控铣削加工工艺基础

数控铣床是机床设备中应用非常广泛的加工机床,它可以进行平面铣削、平面型腔铣削、外形轮廓铣削、三维及三维以上复杂型面铣削,还可进行钻削、镗削、螺纹切削等孔加工。加工中心、柔性制造单元等都是在数控铣床的基础上产生和发展起来的。

5.1.1 数控铣削零件工艺分析

1. 数控铣削加工部位及工序内容分析

数控铣削加工有着自己的特点和适用对象,若要充分发挥数控铣床的优势和关键作用,就必须正确选择数控铣床类型、数控加工对象与工序内容。通常将下列加工内容作为数控铣削加工的主要选择对象。

(1)工件上的曲线轮廓,特别是由数学表达式给出的非圆曲线与列表曲线等曲线轮廓,如图 5-1 所示的正弦曲线。

(2)已给出数学模型的空间曲面,如图 5-2 所示的球面,以及其他高精度孔和面。

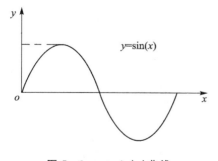

图 5-1 $y=\sin(x)$ 曲线

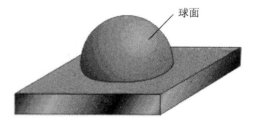

图 5-2 球面

(3)形状复杂、尺寸繁多、划线与检测困难的部位。

(4)用通用铣床加工时难以观察、测量和控制进给的内、外凹槽。

(5)能在一次安装中顺带铣出来的简单表面或形状。

(6)用数控铣削方式加工后,能成倍提高生产率,大大减轻劳动强度的一般加工内容。

2．零件图工艺性分析

（1）零件图尺寸的正确标注。

由于加工程序是以准确的坐标点来编制的,因此,各图形几何元素间的相互关系(如相切、相交、垂直和平行等)应明确,各种几何元素的条件要充分,应无引起矛盾的多余尺寸或者影响工序安排的封闭尺寸等。例如,零件在用同一把铣刀、同一个刀具半径补偿值编程加工时,由于零件轮廓各处尺寸公差带不同(见图5-3)就很难同时保证各处尺寸在尺寸公差范围内。这时一般采取的方法是:兼顾各处尺寸公差,在编程计算时,改变轮廓尺寸并移动公差带,改为对称公差,采用同一把铣刀和同一个刀具半径补偿值加工。图5-3所示括号内的尺寸,其公差带均作了相应改变,计算与编程时用括号内尺寸来进行。

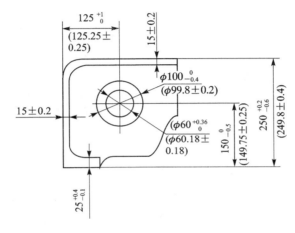

5-3　零件尺寸公差带的调整

（2）零件尺寸所要求的加工精度、尺寸公差应得到保证。不要以为数控机床加工精度高而放弃这种分析,特别要注意过薄的腹板与缘板的厚度公差。"铣工怕铣薄",数控铣削也是一样,因为加工时产生的切削拉力及薄板的弹性退让,极易产生切削面的振动,使薄板厚度尺寸公差难以保证,其表面粗糙度也将恶化或变坏。根据实践经验,铣削厚度小于3 mm的较大面积薄板时,就应充分重视这一问题。

（3）统一内壁圆弧的尺寸。加工轮廓上内壁圆弧的尺寸往往限制刀具的尺寸。如图5-4所示,当工件的被加工轮廓高度H较小、内壁转接圆弧半径R较大时,则可采用刀具切削刃长度L较小、直径D较大的铣刀加工。这样,底面A的走刀次数较少,表面质量较好,因此,工艺性较好。反之,如图5-5所示,铣削工艺性则较差。通常,当$R<0.2H$时,则工艺性较差。又如图5-6所示,铣刀直径D一定时,工件的内壁与底面转接圆弧半径r越小,铣刀与铣削平面接触的最大直径$d=D-2r$也越大,铣刀端刃铣削平面的面积越大,则加工平面的能力越强,因而,铣削工艺性越好;反之,工艺性越差,如图5-7所示。

当底面铣削面积大、转接圆弧半径r也较大时,只能先用一把r较小的铣刀加工,再用符合要求r的刀具加工,分两次完成切削。零件上内壁转接圆弧半径尺寸的大小和一致性影响着加工能力、加工质量和换刀次数等。因为在数控铣床上多换一次刀要增加不少新问题,如增加铣刀规格,计划停车次数和对刀次数等。这不但会增加生产准备时间,降低生产效率,给编程带来许多麻烦,而且也会因频繁换刀增加了工件加工面上的接刀阶差而降低了表面质量。

所以,在一个零件上的这种凹圆弧半径在数值上的一致性问题对数控铣削的工艺性显得相当重要。一般来说,即使不能寻求完全统一,也要力求将数值相近的圆弧半径分组靠拢,达到局部统一,以尽量减少铣刀规格与换刀次数,改善铣削工艺性。

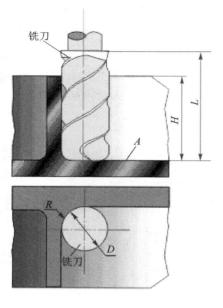

图 5-4　R 较大时

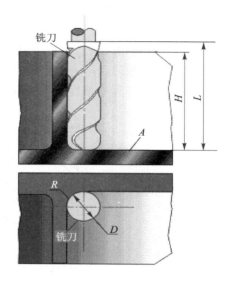

图 5-5　R 较小时

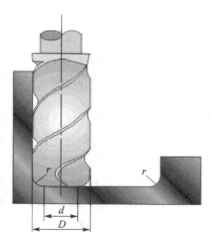

图 5-6　r 较小

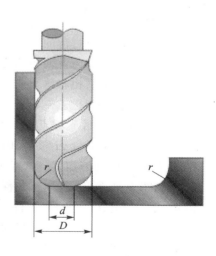

图 5-7　r 较大

3．基准分析

有些工件需要在铣削完一面后，再重新安装铣削另一面。由于数控铣削时不能使用通用铣床加工时常用的试切方法来接刀，往往会因为工件的重新安装而接不好刀（即与上道工序加工的面接不齐或造成本来要求一致的两对应面上的轮廓错位）。为了避免上述问题的产生，减小两次装夹误差，最好采用统一基准定位，因此零件上最好有合适的孔作为定位基准孔。如果零件上没有基准孔，也可以专门设置工艺孔作为定位基准（如在毛坯上增加工艺凸耳或在后续工序要铣去的余量上设基准孔）。如实在无法制备基准孔，起码也要用经过精加工的面作为统一基准。

4．零件变形情况分析

工件在铣削加工时的变形将影响加工质量。因此，应分析零件会不会在加工过程中变形，哪些部位最容易变形。

数控铣削最忌讳工件在加工时变形，这种变形不但无法保证加工的质量，而且经常造成加工不能继续进行下去，"中途而废"。铣削加工时，应当考虑采取一些必要的工艺措施预防变形，如对钢件进行调质处理，对铸铝件进行退火处理，对不能用热处理方法解决的也可考虑粗、精加工分别进行及对称切除余量等常规方法。此外，还要分析加工后的变形问题采取什么工艺措施来解决。加工薄板时，切削力及薄板的弹性退让极易产生切削面的振动，使薄板厚度尺寸公差和表面粗糙度难以保证，这时，应考虑合适的工件装夹方式。

5．零件毛坯的工艺性分析

（1）毛坯应有充分、稳定的加工余量。毛坯主要指锻件、铸件。锻件在锻造时欠压量与允许的错模量会造成余量不均匀；铸件在铸造时因砂型误差、收缩量及金属液体的流动性差不能充满型腔等造成余量不均匀。此外，毛坯的挠曲和扭曲变形量的不同也会造成加工余量不充分、不稳定。为此，在对毛坯的设计时就应充分考虑，可在零件图样注明的非加工面处增加适当的余量。

（2）分析毛坯的装夹适应性。应主要考虑毛坯在加工时定位和夹紧的可靠性与方便性，以便在一次安装中加工出较多表面。对不便装夹的毛坯，可考虑另外增加装夹余量或工艺凸台、工艺凸耳等辅助基准。

（3）分析毛坯的变形、余量大小及均匀性。分析毛坯加工中与加工后的变形程度，考虑是否应采取预防性措施和补救措施。如对于热轧中的厚铝板，经淬火时效后很容易加工变形，这时最好采用经预拉伸处理过的淬火板坯。对毛坯余量大小及均匀性主要考虑在加工中要不要分层铣削，分几层铣削。在自动编程中，这个问题尤为重要。

6．零件结构工艺性分析

加工工艺取决于产品零件的结构形状、尺寸和技术要求等。设计零件时，要充分考虑零件的加工工艺性；而在安排零件的加工工艺时，对于一些不合理或难以加工的零件结构可以适当改进。

5.1.2　数控铣削加工方案的确定

1．加工工序的划分

在数控铣床上加工零件，工序十分集中，许多零件只需在一次装夹中就能完成全部工序。

但是零件的粗加工,特别是铸、锻毛坯零件的基准平面、定位面等的加工应在普通机床上完成之后,再装夹到数控机床上进行加工。这样可以发挥数控机床的特点,保持数控机床的精度,延长数控机床的使用寿命,降低数控机床的使用成本。

在数控铣床上加工零件时,工序划分的方法有以下几种。

(1) 刀具集中分序法。即按所用刀具划分工序:用同一把刀加工完零件上所有可以完成的部位,再用第二把刀、第三把刀完成它们可以完成的其它部位。这种分序法可以减少换刀次数,压缩空行程时间,减少不必要的定位误差。

(2) 粗、精加工分序法。这种分序法是根据零件的形状、尺寸精度等因素,按照粗、精加工分开的原则进行工序划分。对单个零件或一批零件先进行粗加工、半精加工,而后精加工。粗加工之后,最好停留一段时间,使粗加工后零件的变形得到充分恢复,再进行精加工,以提高零件的加工精度。

(3) 按加工部位分序法。即先加工平面、定位面,再加工孔;先加工简单的几何形状,再加工复杂的几何形状;先加工精度比较低的部位,再加工精度要求高的部位。

在数控机床上加工零件,其加工工序的划分要视加工零件的具体情况具体分析,许多工序的安排综合了上述各分序方法。

2. 选择走刀路线

走刀路线是数控加工过程中刀具相对于被加工件的运动轨迹和方向。走刀路线的确定非常重要,因为它与零件的加工精度和表面质量密切相关。确定走刀路线的一般原则如下。

(1) 保证零件的加工精度和表面粗糙度。

(2) 方便数值计算,减少编程工作量。

(3) 缩短走刀路线,减少进退刀时间和其他辅助时间。

(4) 尽量减少程序段数。

另外,在选择走刀路线时还要充分注意以下几个方面的内容。

(1) 避免引入反向间隙误差。

数控机床在反向运动时会出现反向间隙,如果在走刀路线中将反向间隙带入,就会影响刀具的定位精度,增加工件的定位误差。例如,精镗图 5-8 所示的 4 个孔,由于孔的位置精度要求较高,因此安排镗孔路线的问题就显得比较重要,安排不当就可能把坐标轴的反向间隙带入,直接影响孔的位置精度。图 5-8 给出了两个方案。

从图 5-8 中不难看出,在方案 a(见图 5-8(a))中,由于Ⅳ孔与Ⅰ、Ⅱ、Ⅲ孔的定位方向相反,X 向的反向间隙会使定位误差增加,而影响Ⅳ孔的位置精度。在方案 b(见图 5-8(b))中,当加工完Ⅲ孔后并没有直接在Ⅳ孔处定位,而是多运动了一段距离,然后折回来在Ⅳ孔处定位,这样Ⅰ、Ⅱ、Ⅲ孔与Ⅳ孔的定位方向是一致的,就可以避免引入反向间隙的误差,从而提高了Ⅳ孔与各孔之间的孔距精度。

(2) 切入、切出路径。

在铣削轮廓表面时一般采用立铣刀侧面刃口进行切削,由于主轴系统和刀具的刚度变化,当沿法向切入工件时,会在切入处产生刀痕,所以应尽量避免沿法向切入工件。当铣切外表面轮廓形状时,应安排刀具沿零件轮廓曲线的切向切入工件,并且在其延长线上加入一段外延距离,以保证零件轮廓的光滑过渡。同样,在切出零件轮廓时也应从工件曲线的切向延长线上切出,如图 5-9(a)所示。

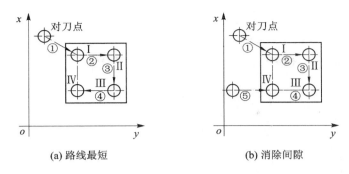

(a) 路线最短　　　　　　　　　(b) 消除间隙

图 5-8　精镗加工路线图

当铣切内表面轮廓形状时,也应该尽量遵循从切向切入的方法,但此时切入无法外延,最好安排从圆弧过渡到圆弧的加工路线。切出时也应多安排一段过渡圆弧再退刀,如图 5-9(b)所示。当实在无法沿零件曲线的切向切入、切出时,铣刀只有沿法线方向切入和切出,在这种情况下,切入切出点应选在零件轮廓两几何要素的交点上,而且进给过程中要避免停顿。

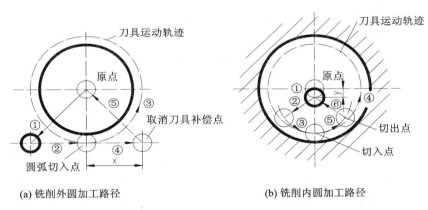

(a) 铣削外圆加工路径　　　　　　　　　(b) 铣削内圆加工路径

图 5-9　铣削圆的加工路线

为了消除由于系统刚度变化引起进退刀时的痕迹,可采用多次走刀的方法,减小最后精铣时的余量,以减小切削力。

在切入工件前应该先完成刀具半径补偿,而不能在切入工件时同时进行刀具补偿。这样会产生过切现象。为此,应在切入工件前的切向延长线上另找一点,作为完成刀具半径补偿点,如图 5-9(b)所示。再例如,图 5-10 所示零件的切入、切出路线,应当注意切入点及延长线方向。

(3) 顺、逆铣及切削方向和方式的确定。

在铣削加工中,若铣刀的走刀方向与切削点的切削分力方向相反,称为逆铣;反之则称为顺铣。由于采用顺铣方式时,零件的表面精度和加工精度较高,并且可以减少机床的"颤振",所以在铣削加工零件轮廓时应尽量采用顺铣加工方式。

如图 5-11 所示,逆铣时,刀具从已加工表面切入,切削厚度从零逐渐增大。铣刀刃口有一钝圆半径 r_β,当 r_β 大于瞬时切削厚度时,实际切削前角为负值,刀齿在加工表面上挤压、滑行,不产生切屑、这段表面产生严重的冷硬层。下一个刀齿切入时,又在冷硬层表挤压、滑行,

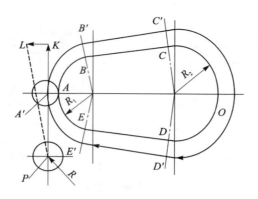

图 5－10　切入、切出路径

使刀齿容易磨损、工件表面粗糙度增大。同时刀齿切离工件时垂直方向的分力 F_V 的方向使工件脱离工作台，因此需较大的夹紧力。但刀齿从已加工表面切入不会造成因从毛坯面切入而打刀的问题。顺铣时，刀具从待加工表面切入，刀齿的切削厚度从最大开始，避免了挤压、滑行现象的产生。同时垂直方向的分力 F_V 始终压向工作台，减小了工件上下的振动，因而能提高铣刀耐用度和加工表面质量。

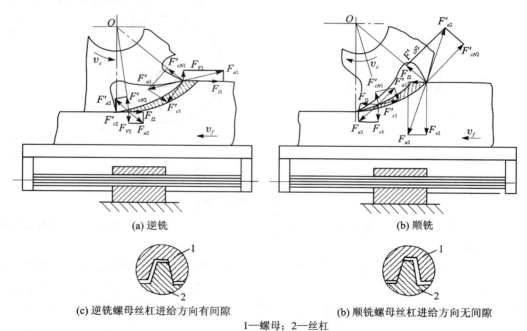

(a) 逆铣　　　　　　　　　　　　　　　　(b) 顺铣

(c) 逆铣螺母丝杠进给方向有间隙　　　　　(b) 顺铣螺母丝杠进给方向无间隙

1—螺母；2—丝杠

图 5－11　逆铣与顺铣

　　铣床工作台的纵向进给运动一般是依靠工作台下面的丝杠和螺母来实现的，螺母固定不动，丝杠一面转动一面带动工作台移动。如果在丝杠与螺母传动副中存在着间隙的情况下采用顺铣，当纵向分力 F_l 逐渐增大超过工作台摩擦力时，使工作台带动丝杠向左窜动，丝杠与螺母传动副右侧面出现间隙，如图 5－11(b)所示，严重时会使铣刀崩刃。此外，在进行顺铣时遇到加工表面有硬皮，也会加速刀齿磨损甚至打刀。在逆铣时，纵向分力风与纵向进给方向相反,使丝杠与螺母间传动面始终紧贴,如图 5 - 11(a)所示,故工作台不会发生窜动现象,铣削较平稳。

根据上面分析,当工件表面有硬皮、机床的进给机构有间隙时,应选用逆铣。因为逆铣时,刀齿是从已加工表面切入,不会崩刃;机床进给机构的间隙不会引起振动和爬行,因此粗铣时应尽量采用逆铣。当工件表面无硬皮、机床进给机构无间隙时,应选用顺铣。因为顺铣加工后,零件表面质量好,刀齿磨损小。因此,精铣时,尤其是零件材料为铝镁合金、钛合金或耐热合金时,应尽量采用顺铣。

3. 加工方法的选择

数控铣床加工零件的表面不外乎平面、平面轮廓、曲面、孔和螺纹等。所选加工方法要与零件的表面特征、所要求达到的精度及表面粗糙度相适应。

1)平面加工方案分析

平面、平面轮廓及曲面可以在数控铣床上铣削加工。经粗铣的平面,尺寸精度可达 IT12~IT14 级(指两平面之间的尺寸),表面粗糙度 Ra 值可达 12.5~50 μm。经粗、精铣的平面,尺寸精度可达 IT7~IT9 级,表面粗糙度 Ra 值可达 1.6~3.2 μm。

平面轮廓多由直线和圆弧或各种曲线构成,通常采用三坐标数控铣床进行两轴半坐标加工。

固定斜角平面是与水平面成一固定夹角的斜面,常用的加工方法有:当零件尺寸不大时,可用斜垫板垫平后加工;如果机床主轴可以摆角,则可以摆成适当的定角,用不同的刀具来加工;当零件尺寸很大、斜面斜度又较小时,常用行切法加工。

对于正圆台和斜筋表面,一般可用专用的角度成型铣刀加工,其效果比采用五坐标数控铣床摆角加工好。

2)孔加工方案分析

孔的加工有钻削、扩削、铰削和镗削等方法。大直径孔还可采用圆弧插补方式进行铣削加工。

(1)对于直径大于 30 mm 的已铸出或锻出毛坯孔的孔加工,一般采用粗镗—半精镗—孔口倒角—精镗加工方案;孔径较大的可采用立铣刀粗铣—精铣加工方案;有空刀槽时可用锯片铣刀在半精镗之后、精镗之前铣削完成,也可用镗刀进行单刀镗削,但单刀镗削效率低。

(2)对于直径小于 30 mm 的无毛坯孔的孔加工,通常采用锪平端面—打中心孔—钻—扩—孔口倒角—铰加工方案;有同轴度要求的小孔,须采用锪平端面—打中心孔—钻—半精镗—孔口倒角—精镗(或铰)加工方案。为提高孔的位置精度,在钻孔工步前须安排锪平端面和打中心孔工步。孔口倒角安排在半精加工之后、精加工之前,以防孔内产生毛刺。

(3)螺纹的加工根据孔径大小。一般情况下,直径在 M6~M20 之间的螺纹,通常采用攻螺纹方法加工;直径在 M6 以下的螺纹,在数控铣床上完成底孔加工,通过其它手段攻螺纹;直径在 M20 以上的螺纹,可采用镗刀片镗削加工。

4. 加工阶段的划分

在数控铣床上加工的零件,其加工阶段的划分主要根据零件是否已经过粗加工、加工质量要求的高低、毛坯质量的高低以及零件批量的大小等因素确定。若零件已在其它机床上经过粗加工,数控铣床只是完成最后的精加工,则不必划分加工阶段。

对加工质量要求较高的零件,若其主要表面在上数控铣床加工之前没有经过粗加工,则应尽量将粗、精加工分开进行,使零件粗加工后有一段自然时效过程,以消除残余应力和恢复切削力、夹紧力引起的弹性变形,切削热引起的热变形。必要时还可以安排人工时效处理,最后通过精加工消除各种变形。

粗加工用较大的夹紧力,精加工用较小的夹紧力。

5. 加工顺序的安排

在数控铣床上加工零件一般都有多个工步,使用多把刀具,因此加工顺序安排得是否合理,直接影响加工精度、加工效率、刀具数量和经济效益。在安排加工顺序时同样要遵循"基面先行"、"先粗后精"、"先主后次"及"先面后孔"的一般工艺原则。此外还应考虑以下两个方面。

(1)减少换刀次数,节省辅助时间。一般情况下,每换一把新的刀具后,应通过移动坐标、回转工作台等措施,将该刀具能切削的所有表面全部加工完。

(2)每道工序尽量减少刀具的空行程移动量,按最短路线安排加工表面的加工顺序。安排加工顺序时可参照粗铣大平面—粗镗孔、半精加工孔—立铣刀加工—加工中心孔—钻孔—攻螺纹—平面和孔精加工(精铣、铰、镗等)的加工顺序。

5.1.3 削用量的选择

在数控铣床上加工零件时,切削用量都预先编入程序中,在正常加工情况下,人工不予改变。只有在试加工或出现异常情况时,才通过速率调节旋钮或电手轮调整切削用量。因此程序中选用的切削用量应是最佳的、合理的切削用量,只有这样才能提高数控机床的加工精度、刀具寿命和生产率,降低加工成本。

手工编程时铣削的切削用量包括:切削速度、进给速度、背吃刀量和侧吃刀量。从刀具耐用度出发,切削用量的选择方法是:先选择背吃刀量或侧吃刀量,其次选择进给速度,最后确定切削速度。

1. 背吃刀量 a_p 或侧吃刀量 a_e

背吃刀量 a_p 为平行于铣刀轴线测量的切削层尺寸,单位为 mm。端铣时,a_p 为切削层深度;而圆周铣削时,为被加工表面的宽度。侧吃刀量 a_e 为垂直于铣刀轴线测量的切削层尺寸,单位为 mm。端铣时,a_e 为被加工表面宽度;而圆周铣削时,a_e 为切削层深度,见图 5 - 12。

背吃刀量或侧吃刀量的选取主要由加工余量和对表面质量的要求决定。

(1)当工件表面粗糙度值要求为 Ra12.5～25 μm 时,如果圆周铣削加工余量小于 5 mm,端面铣削加工余量小于 6 mm,粗铣一次进给就可以达到要求。但是在余量较大、工艺系统刚性较差或机床动力不足时,可分为两次进给完成。

(2)当工件表面粗糙度值要求为 Ra3.2～12.5 μm 时,应分为粗铣和半精铣两步进行。粗铣时背吃刀量或侧吃刀量选取同前。粗铣后留 0.5～1.0 mm 余量,在半精铣时切除。

(3)当工件表面粗糙度值要求为 Ra0.8～3.2 μm 时,应分为粗铣、半精铣、精铣 3 步进行。半精铣时背吃刀量或侧吃刀量取 1.5～2 mm;精铣时,圆周铣侧吃刀量取 0.3～0.5 mm,面铣刀背吃刀量取 0.5～1 mm。

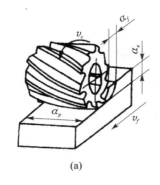
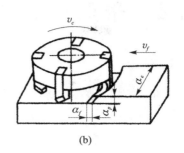

(a)　　　　　　　　　　　　(b)

图 5 – 12　铣削加工的切削用量

不同系列的可转位面铣刀有不同的最大背吃刀量。最大背吃刀量越大的刀具所用刀片的尺寸越大,价格也越高,因此从节约费用、降低成本的角度考虑,选择刀具时一般应按加工的最大余量和刀具的最大背吃刀量来选择合适的规格。当然,还需要考虑机床的额定功率和刚性应能满足刀具使用最大背吃刀量时的需要。

2. 进给量 f 与进给速度 V_f 的选择

铣削加工的进给量 f(mm/r)是指刀具转一周,工件与刀具沿进给运动方向的相对位移量;进给速度 V_f(mm/min)是单位时间内工件与铣刀沿进给方向的相对位移量。进给速度与进给量的关系为 $V_f = nf$(n 为铣刀转速,单位 r/min)。进给量与进给速度是数控铣床加工切削用量中的重要参数,根据零件的表面粗糙度、加工精度要求、刀具及工件材料等因素,参考切削用量手册选取或通过选取每齿进给量 f_z,再根据公式 $f = Zf_z$(Z 为铣刀齿数)计算。

每齿进给量 f_z 的选取主要依据工件材料的力学性能、刀具材料、工件表面粗糙度等因素。工件材料强度和硬度越高,f_z 越小;反之则越大。硬质合金铣刀的每齿进给量高于同类高速钢铣刀。工件表面粗糙度要求越高,f_z 就越小。每齿进给量的确定可参考相关切削参数手册选取。工件刚性差或刀具强度低时,应取较小值。

3. 切削速度 V_c

铣削的切削速度 V_c 与刀具的耐用度、每齿进给量、背吃刀量、侧吃刀量以及铣刀齿数成反比,而与铣刀直径成正比。其原因是当 f_z、a_p、a_e 和 Z 增大时,刀刃负荷增加,而且同时工作的齿数也增多,使切削热增加,刀具磨损加快,从而限制了切削速度的提高。为提高刀具耐用度,允许使用较低的切削速度。但是加大铣刀直径则可改善散热条件,可以提高切削速度。

铣削加工的切削速度 V_c 可参考有关切削用量手册中的经验公式通过计算选取。

5.2 平面凸轮铣削加工工艺实例

5.2.1 加工要求

平面凸轮图纸如图 5-13 所示。该零件的材料为 HT200,小批量加工,毛坯材料尺寸铸件。

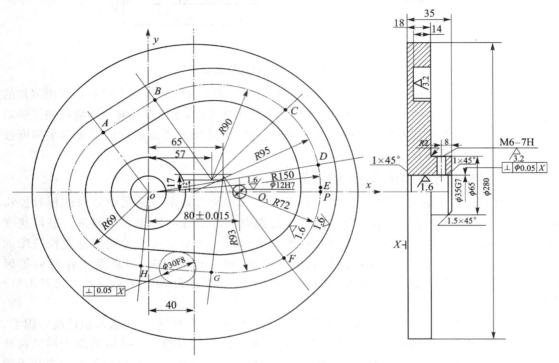

图 5-13 平面凸轮

5.2.2 数控加工工艺性分析

1. 零件图工艺分析

该零件凸轮轮廓由 HA、BC、DE、FG 和直线 AB、HG 以及过渡圆弧 CD、EF 所组成。组成轮廓的各几何元素关系清楚,条件充分,所需要基点坐标容易求得。凸轮内、外轮廓面对 X 面有垂直度要求。材料为铸铁,切削工艺性较好。

根据分析,采取的工艺措施为:凸轮内、外轮廓面对 X 面有垂直度要求,只要提高装夹精度,使 X 面与铣刀轴线垂直,即可保证。

2. 选择设备

加工平面凸轮的数控铣削,一般采用两轴以上联动的数控铣床,因此首先要考虑的是零件的外形尺寸和重量,使其在机床的允许范围以内。其次考虑数控机床的精度是否能满足凸轮的设计要求。第三,看凸轮的最大圆弧半径是否在数控系统允许的范围之内。根据以上 3 条即可确定所要使用的数控机床为两轴以上联动的数控铣床。

3. 确定零件的定位基准和装夹方式

(1) 定位基准。采用"一面两孔"定位，即用圆盘 X 面和两个基准孔作为定位基准。

(2) 根据工件特点，用一块 320 mm×320 mm×40 mm 的垫块，在垫块上分别精镗 ϕ35 及 ϕ12 两个定位孔（当然要配定位销），孔距离（80±0.015）mm，垫板平面度为 0.05 mm，该零件在加工前，先固定夹具的平面，使两定位销孔的中心连线与机床 x 轴平行，夹具平面要保证与工作台面平行，并用百分表检查，见图 5 - 14。

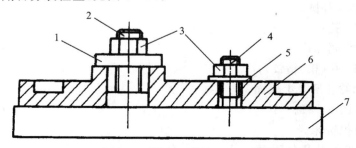

1—开口垫圈；2—带螺纹圆柱销；3—压紧螺母；
4—带螺纹削边销；5—垫圈；6—工件；7—垫块

图 5 - 14 凸轮加工装夹示意图

5.2.3 数控加工工艺路线设计

整个零件的加工顺序的拟订按照基面先行、先粗后精的原则确定。因此应先加工用作定位基准的 ϕ35 及 ϕ12 两个定位孔、X 面，然后再加工凸轮槽内、外轮廓表面。

1. 毛坯的设计

根据零件的材料和批量要求，为提高加工效率降低成本，本零件的毛坯可选为铸件，毛坯图如图 5 - 15 所示。

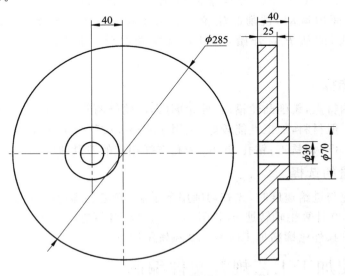

图 5 - 15 凸轮毛坯

2. 工序的划分

根据基准先行、工序相对集中的原则，确定加工工序如下。

工序 10 毛坯,如图 5-15 所示

工序 20 加工底面 X,钻镗 $\phi35$ 及 $\phi12$ 孔

装夹方案:根据生产的实际情况,可选取(1)虎钳+垫铁、(2)三爪卡盘、(3)专用夹具、3 种装夹方案。

设备选择:因两定位孔间距离尺寸精度要求较高,故选择数控铣床或加工中心。

工步 1:铣平面 X;

工步 2:铣 $\phi280$ 外圆;

工步 3:镗 $\phi35$ 孔;

工步 4:钻 $\phi12$ 底孔;

工步 5:铰 $\phi12$ 孔(粗、精铰);

工序 30 铣凸轮轮廓及上表面

装夹方案:见图 6-31。

设备选择:数控铣床。

工步 1:铣上平面及凸台顶面;

工步 2:粗铣凸轮内、外轮廓;

工步 3:精铣凸轮内、外轮廓;

工序 40 加工 M6 螺纹(使用专用夹具或配钻)

3. 走刀路线设计

加工槽的走刀路线包括平面内进给走刀和深度进给走刀两部分路线。平面内的进给走刀,对外轮廓是从切线方向切入;对内轮廓是从过渡圆弧切入。在数控铣床上加工时,对铣削平面槽形凸轮,深度进给有两种方法:一种是在 xz(或 yz)平面内来回铣削逐渐进刀到既定深度;另一种是先打一个工艺孔,然后从工艺孔进刀到既定深度。

进刀点选在 $P(150,0)$ 点,刀具来回铣削,逐渐加深到铣削深度,当达到既定深度后,刀具在 xy 平面内运动,铣削凸轮轮廓。为了保证凸轮的轮廓表面有较高的表面质量,采用顺铣方式,即从 P 点开始,对外轮廓按顺时针方向铣削,对内轮廓按逆时针方向铣削。

4. 刀具的选择

根据零件结构特点,铣削凸轮槽内、外轮廓(即凸轮槽两侧面)时,铣刀直径受槽宽限制,同时考虑铸铁属于一般材料,加工性能较好,选用 $\phi18$ mm 硬质合金立铣刀;为提高加工效率,加工上、下表面选用 $\phi50$ 面铣刀;钻孔、镗孔、铰孔选择相应的刀具即可。

5. 切削用量的选择

确定主轴转速与进给速度时,先查切削用量手册,确定切削速度与每齿进给量,然后利用公式 $v_c = \pi d n / 1\,000$ 计算主轴转速 n,利用 $v_f = nZf_z$ 计算进给速度。

注意:凸轮槽内、外轮廓精加工时留 0.2 mm 铣削用量。

5.2.4 数控加工工艺规程文件编制

1. 数控加工编程任务书

具体的内容如表 5-1 所示,请同学完成。

表 5-1 编程任务书

<table>
<tr><td rowspan="3" colspan="3">四川航天职业技术学院</td><td rowspan="3" colspan="3">数控加工编程任务书</td><td>产品图号</td><td colspan="2"></td><td>任务书编号</td></tr>
<tr><td>零件名称</td><td colspan="2"></td><td></td></tr>
<tr><td>使用设备</td><td colspan="2"></td><td>共 页第 页</td></tr>
<tr><td colspan="10"></td></tr>
<tr><td colspan="2">收到编程时间</td><td colspan="3"></td><td colspan="3">经手人</td><td colspan="2"></td></tr>
<tr><td>编制</td><td></td><td>审核</td><td></td><td>编程</td><td></td><td>审核</td><td></td><td>批准</td><td></td></tr>
</table>

2. 数控加工工序卡

平面凸轮的工序卡见表 5-2,请同学按前面的分析根据所学的方法自行完成。

表 5-2 平面凸轮数控加工工序卡一

<table>
<tr><td colspan="3" rowspan="2">数控加工工序卡</td><td colspan="2">产品名称</td><td colspan="2">零件名称</td><td colspan="3">零件图号</td></tr>
<tr><td colspan="2"></td><td colspan="2"></td><td colspan="3"></td></tr>
<tr><td>工序号</td><td>程序编号</td><td>夹具名称</td><td colspan="2">夹具编号</td><td colspan="2">使用设备</td><td colspan="3">车间</td></tr>
<tr><td></td><td></td><td></td><td colspan="2"></td><td colspan="2"></td><td colspan="3">数控实训中心</td></tr>
<tr><td rowspan="2">工步号</td><td rowspan="2">工步内容</td><td colspan="3">切削用量</td><td colspan="2">刀具</td><td rowspan="2">量具名称</td><td rowspan="2">备注</td></tr>
<tr><td>主轴转速 n (r/min)</td><td>进给速度 F (mm/r)</td><td>背吃刀量 ap (mm)</td><td>编号</td><td>名称</td></tr>
<tr><td>1</td><td></td><td></td><td></td><td></td><td></td><td></td><td></td><td></td></tr>
<tr><td>2</td><td></td><td></td><td></td><td></td><td></td><td></td><td></td><td></td></tr>
<tr><td>3</td><td></td><td></td><td></td><td></td><td></td><td></td><td></td><td></td></tr>
<tr><td>4</td><td></td><td></td><td></td><td></td><td></td><td></td><td></td><td></td></tr>
<tr><td>5</td><td></td><td></td><td></td><td></td><td></td><td></td><td></td><td></td></tr>
<tr><td>6</td><td></td><td></td><td></td><td></td><td></td><td></td><td></td><td></td></tr>
<tr><td>编制</td><td></td><td>审核</td><td></td><td>批准</td><td colspan="2"></td><td>共 1 页</td><td colspan="2">第 1 页</td></tr>
</table>

3. 数控加工刀具卡

数控加工刀具卡如表 5-3 所示。

表 5-3 平面凸轮数控加工刀具卡

<table>
<tr><td colspan="2">产品名称或代号</td><td></td><td>零件名称</td><td></td><td>零件图号</td><td>06</td></tr>
<tr><td>序号</td><td>刀具号</td><td>刀具名称及规格</td><td>刀片型号</td><td>加工表面</td><td>刀尖半径(mm)</td><td>备注</td></tr>
<tr><td>1</td><td>T01</td><td>面铣刀</td><td></td><td>上下表面及凸台顶面</td><td></td><td></td></tr>
<tr><td>2</td><td>T02</td><td>ϕ35 镗刀</td><td></td><td>ϕ35 孔</td><td></td><td></td></tr>
<tr><td>3</td><td>T03</td><td>ϕ11.5 麻花钻</td><td></td><td>钻孔到 ϕ11 底孔</td><td></td><td></td></tr>
<tr><td>4</td><td>T04</td><td>ϕ12 铰刀</td><td></td><td>铰 ϕ12 孔</td><td></td><td></td></tr>
</table>

产品名称或代号			零件名称		零件图号		06
序号	刀具号	刀具名称及规格	刀片型号	加工表面	刀尖半径(mm)	备注	
5	T05	ϕ18 立铰刀		凸轮轮廓及周边			
6	T06	ϕ5.5 麻花钻		M6 螺纹底孔			
7	T07	M6 丝锥		M6 螺纹			
编制		审核		批准		年 月 日	共 1 页 第 1 页

5.3 复杂形面的数控铣削加工工艺实例

5.3.1 加工要求

1. 零件图纸

图 5-16 和图 5-17 所示分别为所需加工零件的三视图和立体图。材料为 LY12,毛坯尺寸(长×宽×高)为 160 mm×120 mm×34 mm,零件小批量生产,除 ϕ24 孔表面粗糙度值为 Ra1.6 外,其余均为 Ra3.2。

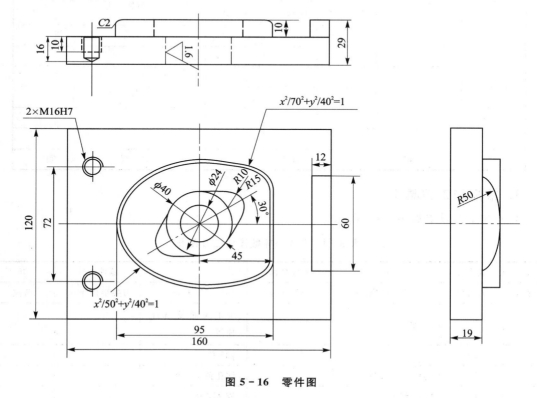

图 5-16 零件图

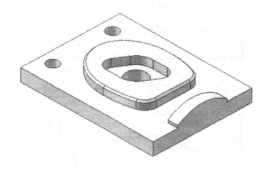

图 5-17　零件实体图

5.3.2　零件工艺性分析

1. 零件图工艺分析

由图 5-16 知,零件尺寸(长×宽×高)为 160 mm×120 mm×29 mm,毛坯外形轮廓全部经过初加工,尺寸(长×宽×高)为 160 mm×120 mm×34 mm,所以零件四周不需再加工;零件上部有两个凸台,大凸台主要由两段椭圆弧、直线和两段圆弧组成,轮廓形状包括二次曲线,较为复杂,凸台上端有倒角;小凸台上表面为圆弧面,结构复杂。中心孔 $\phi24$,表面粗糙度 Ral. 6 μm,精度较高。要求加工上、下表面,凸台外轮廓面以及月牙凸台。

2. 选择加工设备

该零件为复杂轮廓,属于数控铣床特别适合加工的类别,故选择在数控铣床上加工。

3. 确定装夹方案

该零件毛坯的外形比较规则,可选用平口虎钳装夹,下面用等高垫铁垫起,防止铣凸台及轮廓时伤及虎钳钳口,另用百分表校正平口钳及工件上表面。

4. 加工方案选择

(1) 上、下表面及台阶面的表面粗糙度值为 Ra3.2,可选择"粗铣—精铣"方案。

(2) 带有椭圆的凸台和牙形小凸台外轮廓,选择"粗铣—精铣"方案。

(3) 孔 $\phi24H7$,表面粗糙度值为 Ra3.2,选择"钻孔—扩孔—铰孔"方案。

(4) 螺纹孔 2×M16-7H,采用先钻底孔、后攻螺纹的加工方法。

(5) 凸台内腔凹槽,选择"粗铣—精铣"方案。

(6) 月牙形小凸台 R50 的圆弧,选择"粗铣—精铣"方案。

5. 确定加工顺序及加工路线

根据零件图分析,本零件可以一次装夹完成全部加工,故采取工序集中的工艺方案,按照基面先行、先面后孔、先粗后精的原则确定加工顺序。

表面加工采用 $\phi80$ 的面铣刀粗、精完成。大凸台有两段圆弧为椭圆,在手工编程时,使用宏程序通过直线逼近来实现,如图 5-18 所示。

椭圆的参数分析如下。

椭圆①方程为: $\dfrac{x^2}{70^2}+\dfrac{y^2}{40^2}=1$

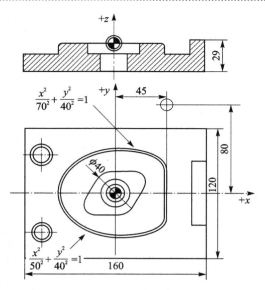

图 5 - 18　大凸台走刀路线

椭圆上各点 x 坐标：设置变量♯101，变量范围(34.64～0)。

椭圆上各点 y 坐标：$-40/70\times\sqrt{70^2-\sharp101^2}$

椭圆②方程为：$\dfrac{x^2}{50^2}+\dfrac{y^2}{40^2}=1$

椭圆上各点 y 坐标：设置变量♯105，变量范围(40～-40)。

椭圆上各点 x 坐标：$-50/40\times\sqrt{40^2-\sharp105^2}$

小凸台同样加工采用宏程序，设置 y 为变量♯1，则 $z=\sqrt{40^2-\sharp105^2}$，通过循环每次 y 减小 1 来实现沿曲面的环切，如图 5 - 19 所示。

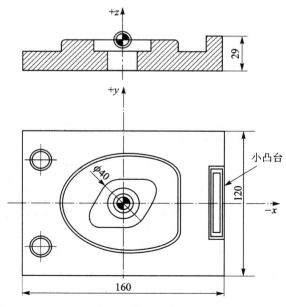

图 5 - 19　小凸台走刀路线

6．刀具选择

（1）零件上、下表面采用端铣刀加工，根据侧吃刀量选择端铣刀直径，使铣刀工作时有合理的切入、切出角；且铣刀直径尽量包容工件整个加工宽度，以提高加工精度和效率，并减少相邻两次进给之间的接刀痕迹。

（2）带有椭圆的凸台和牙形小凸台外轮廓及内腔凹槽：选用立铣刀加工，刀具规格根据加工情况确定。

（3）孔加工各工步的刀具直径根据加工余量和孔径确定。

该零件加工所选刀具详见表 5-5。

表 5-5　数控加工刀具卡

产品名称			零件名称			零件图号	
序号	刀具号	刀具规格及名称	数量	加　工　内　容		备　注	
1	T01	φ125 端面铣刀		粗、精铣定位基面及上表面			
2	T02	φ20 立铣刀		粗铣带有椭圆的凸台和牙形小凸台外轮廓			
3	T03	φ10 立铣刀		精铣带有椭圆的凸台和牙形小凸台外轮廓			
4	T04	φ3 中心钻		钻所有孔的中心孔			
5	T05	φ22 钻头		钻 φ24H7 底孔至少 22			
6	T06	φ23.5 扩孔钻		扩 φ24H7 底孔至 φ23.5			
7	T07	φ24H7 铰刀		铰 φ24H7 底孔			
8	T08	φ14 钻头		钻 2×M16 孔至 φ10			
9	T09	φ14 铣刀		2×M16 螺纹孔端倒角			
10	T10	M16 机用丝锥		攻 2×M16 螺纹孔			
11	T11	φ16 立铣刀		粗铣凸台内腔凹槽			
12	T12	φ16 立铣刀		精铣凸台内腔凹槽			
13	T13	φ 立铣刀		月牙形小凸台 R50 的圆弧			
14	T14	R6 球形铣刀		椭圆的凸台 C2 倒角			
编制		审核		批准		年 月 日	共张　第张

7．切削用量的选择

该零件材料切削性能较好，铣削平面、台阶及轮廓时，可留 0.5 mm 的精加工余量，钻、扩、铰孔分别留 0.25～0.75 mm 余量。

选择主轴转速与进给速度时，先查切削用量手册，确定切削速度与每齿进给量，然后由式 $v_c = \phi d_n / 1\,000$，$v_f = n_z f_z$ 计算主轴转速与进给速度（计算过程略）。

8．拟定数控铣削加工工序卡

为了更好地指导编程和加工操作，把零件的加工顺序、所用刀具和切削用量等参数编入表 5-6 所示的数控加工工序卡中。

表 5-6 数控加工工序卡

单位名称			产品名称或代号		零件名称		零件图号
工序号	程序编号		夹 具 名 称		使用设备		车　间
			平口虎钳		数控铣床		

工步号	工步内容	刀具号	刀具类型	切削用量 主轴转速（r/min）	进给速度（mm/min）	背吃刀量（mm）	备注
1	粗铣定位基面 A	T01	φ125 端面铣刀	180	40	2	
2	精铣定位基面 A	T01	φ125 端面铣刀	180	25	0.5	
3	粗铣上表面	T01	φ125 端面铣刀	180	40	2	
4	精铣上表面	T01	φ125 端面铣刀	180	25	0.5	
5	粗铣带有椭圆的凸台和牙形小凸台外轮廓	T02	φ20 立铣刀	900	40		
6	精铣带有椭圆的凸台和牙形小凸台外轮廓	T03	φ10 立铣刀	1 000	25	0.5	
7	钻所有孔的中心孔	T04	φ3 中心钻	1000	80		
8	钻 φ24H7 底孔至少 22	T05	φ22 钻头	200	40		
9	扩 φ24H7 底孔至 φ23.5	T06	φ23.5 扩孔钻	500	60		
10	铰 φ24H7 底孔	T07	φ24H7 铰刀	100	40	0.5	
11	钻 2×M16 孔至 φ10	T08	φ14 钻头	450	60		
12	2×M16 螺纹孔端倒角	T09	φ14 铣刀	300	40		
13	攻 2×M16 螺纹孔	T10	M16 机用丝锥	100	200		
14	粗铣凸台内腔凹槽	T11	φ16 立铣刀	600	40	2	
15	精铣凸台内腔凹槽	T12	φ16 立铣刀	600	25	0.5	
16	月牙形小凸台 R50 的圆弧	T13	φ 立铣刀	800	40		
17	椭圆的凸台 C2 倒角	T14	R6 球形铣刀	600	40		
编制		审核		批准	年　月　日	共　页	第　页

9. 数控加工编程

（1）数控加工编程任务书。具体的内容如表 5-7 所示，请同学自行完成。

表 5-7　编程任务书

四川航天职业技术学院	数控加工编程任务书	产品图号		任务书编号	
		零件名称			
		使用设备		共 页第 页	
主要工序说明及技术要求： 1. 铣削上表面； 2. 铣削椭圆外轮廓； 3. 铣削内腔凹槽； 4. 铣削月牙凸台； 5. 图中要求其他所有形面； 6. 技术要求见零件图。					
收到编程时间			经手人		
编制		审核		编程	审核

（2）建立工件坐标系。

工件在加工中要进行 2 次安装，加工下表面时加工坐标系为下表面的中心，z 方向的原点为零件表面。加工上表面时加工坐标系为上表面的中心，z 方向的原点为零件表面，如图 5-21 所示。

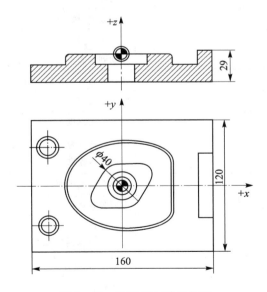

图 5-20　零件的工件坐标系

（3）参考程序。以下给出了本零件加工手工编程的参考程序，同学们也可以按自己的思路编写，经仿真验证后，到实训场地加工验证。

O0063		主　程　序
N0010	G90 G54 G21 G17 G49 G40 G94 G80	程序初始化 设置工件坐标系,取消刀长和刀径丰补偿 设置每分钟进给 米制单位
N0020	G91 G28 X0 Y0 Z0	返回参考点
N0030	T01 M06	选择 1 号刀,换刀(端铣刀),粗、精铣上面
N0040	S180 M03	主轴正转,转速 180 r/min
N0050	G90 G00 X−150 Y0	移动到下刀点
N0060	G43 Z30 H01	建立刀具长度补偿,并移动到安全平面
N0070	M08	开启冷却液
N0080	G01 Z0.5	快速下刀至切入点,z 向留 0.5 mm 的精加工余量
N0090	X150 F40	粗铣上表面
N0100	Z0	z 向进刀
N0110	X−160 F25	精铣上表面
N0120	G00 Z30	提刀至安全平面
N0130	G91 G28 X0 Y0 Z0	返回参考点
N0140	M05	主轴停止
N0150	M09	关闭冷却液
N0160	T02 M06	选择 2 刀,换刀(立铣刀)
N0170	S900 M03	主轴正转,转速 900 r/min
N0180	G90 G00 X45 Y80	移动到下刀点
N0190	G43 Z30 H02	建立刀具长度补偿,并移动到安全平面
N0200	G00 Z3	快速下刀至切入点
N0210	♯120＝−10	定义切削深度
N0220	D01 M98 P0163 F40	D01 刀补设为 10.5 mm,留单边 0.5 mm 的余量,粗加工椭圆凸台外轮廓
N0220	G00 Z30	提刀至安全平面
N0230	G91 G28 X0 Y0 Z0	返回参考点
N0240	M05	主轴停止
N0250	T03 M06	选择 3 刀,换刀(立铣刀)
N0260	S1000 M03	主轴正转,转速 1000 r/min
N0270	G90 G00 X45 Y80	移动到下刀点
N0280	G43 Z30 H04	建立刀具长度补偿,并移动到安全平面
N0290	G00 Z3	快速下刀至切入点
N0300	♯120＝−10	定义切削深度
N0310	D02 M98 P0163 F25	D02 刀补设为 5 mm,精加工椭圆凸台外轮廓
N0320	G00 Z30	提刀至安全平面

O0063		主　程　序
N0330	G91 G28 X0 Y0 Z0	返回参考点
N0340	M05	主轴停止
N0350	T04 M06	选择 4 刀，换刀（中心钻）
N0360	S1000 M03	主轴正转，转速 1 000 r/min
N0370	G43 G00 Z30 H04	建立刀具长度补偿，并移动到安全平面
N0380	G99 G81 X0 Y0 R3 Z−2 F80	中心钻点出 $\phi40H7$ 孔位
N0390	X−65 Y36	中心钻点出 M12H7 孔位
N0400	X65 Y36	中心钻点出 M12H7 孔位
N0410	G80 G91 G28 X0 Y0 Z0	返回参考点
N0420	M05	主轴停止
N0430	T05 M06	选择 5 刀，换刀（$\phi22$ 钻头）
N0440	S200 M03	主轴正转，转速 200 r/min
N0450	G90 G43 Z30 H05	建立刀具长度补偿，并移动到安全平面
N0460	G81 X0 Y0 R3 Z−32 F40	钻 $\phi22$ 底孔
N0470	G80 G91 G28 X0 Y0 Z0	返回参考点
N0480	M05	主轴停止
N0490	T06 M06	选择 6 刀，换刀（$\phi23.5$ 扩孔钻）
N0500	S500 M03	主轴正转，转速 500 r/min
N0510	G90 G43 Z30 H06	建立刀具长度补偿，并移动到安全平面
N0520	G81 X0 Y0 R3 Z−32 F60	扩 $\phi24H7$ 底孔至少 23.5
N0530	G80 G91 G28 X0 Y0 Z0	返回参考点
N0540	M05	主轴停止
N0550	T07 M06	选择 7 刀，换刀（$\phi24H7$ 铰刀）
N0560	S100 M03	主轴正转，转速 100 r/min
N0570	G90 G43 Z30 H07	建立刀具长度补偿，并移动到安全平面
N0580	G85 X0 Y0 R32 Z−32 F40	铰 $\phi12H7$ 底孔
N0590	G80 G91 G28 X0 Y0 Z0	返回参考点
N0600	M05	主轴停止
N0610	T08 M06	选择 8 刀，换刀（$\phi14$ 钻头）
N0620	S450 M03	主轴正转，转速 450 r/min
N0630	G90 G43 Z30 H08	建立刀具长度补偿，并移动到安全平面
N0640	G81 X−65 Y36 R3 Z−32 F60	钻 $\phi14$ 底孔
N0650	X65 Y36	钻 $\phi14$ 底孔
N0660	G80 G91 G28 X0 Y0 Z0	返回参考点
N0670	M05	主轴停止
N0680	T10 M96	选择 13 刀，换刀（M16 机用丝锥）

O0063		主　程　序
N0690	S100 M03	主轴正转,转速 100 r/min
N0700	G90 G43 Z30 H10	建立刀具长度补偿,并移动到安全平面
N0710	G84 X65 Y36 Z－32 R5 F200	攻 M16 螺纹孔
N0720	G84 X65 Y36 Z－32 R5 F200	攻 M16 螺纹孔
N0730	G91 G28 X0 Y0 Z0	返回参考点
N0740	T11 M06	选择 U 号刀,换刀(立铣刀)
N0750	S600 M03	主轴正转,转速 600 r/min
N0760	G90 G00 X0 Y0	移动到下刀点
N0770	G43 Z30 H01	建立刀具长度补偿,并移动到安全平面
N0780	G00 Z3	快速下刀至切入点
N0790	G01 Z－10 F30	垂直下刀
N0700	D03 M98 P0263 F40	D01 刀补设为 8.5 mm,留单边 0.5 mm 的余量,粗加工凸台内腔凹槽
N0710	G91 G28 X0 Y0 z0	返回参考点
N0720	M05	主轴停止
N0730	T12 M06	选择 12 刀,换刀(立铣刀)
N0740	S1000 M03	主轴正转,转速 1 000 r/min
N0750	G90 G00 X0 Y0	移动到下刀点
N0760	G43 Z30 H12	建立刀具长度补偿,并移动到安全平面
N0770	G00 Z3	快速下刀至切入点
N0780	G01 Z－10 F30	垂直下刀
N0790	D04M98P0263F25	D04 刀补设为 5 mm,精加工凸台内腔凹槽
N0800	G91 G28 X0 Y0 Z0	返回参考点
N0810	M05	主轴停止
N0820	T13 M06	选择 13,换刀(立铣刀)
N0830	S1000 M03	主轴正转,转速 1000 r/min
N0840	G90 G00 X90 Y－50	移动到下刀点
N0850	G43 Z30 H13	建立刀具长度补偿,并移动到安全平面
N0860	Z3	快速下刀至切入点
N0870	M98 P0363	调用子程序加工月牙形小凸台 $R50$ 的圆弧
N0880	G00 Z30	提刀至安全平面
N0890	G91 G28 X0 Y0 Z0	返回参考点
N0900	G00 Z3	快速下刀至切入点
N0910	♯121＝0	加工高度的变量
N0920	♯120＝♯121＋6＊SIN(45)－2	球头刀球心的 z 坐标
N0930	♯123＝6＊COS[45]－♯121＊TAN[45]	半径补偿参数

O0063		主　程　序
N0940	G10 L12 P03 R♯123	导入半径补偿参数 D01
N950	D03 M98 P0163 F40	调用椭圆凸台外轮廓子程序进行 C2 倒角
N960	♯121＝♯121＋0.5	加工高度每次增加 0.5 mm
N970	IF(♯121 LE2.0]GOTO920	条件判断,若加工高度小于 2 mm,循环继续
N980	G00 Z30	提刀至安全平面
N990	C01 G28 X0 Y0 Z0	返回参考点
N1000	M05	主轴停止
N1010	M09	关闭冷却液
N1020	M30	程序结束
O0163		椭圆凸台外轮廓子程序
N0010	G01 Z♯120	
N0020	G41 G01 X45 Y20.49	直线进刀,并调刀补
N0030	Y－20.49	直线插补
N0040	G02 X34.64 Y－34.76 R15	圆弧插补
N0050	♯101＝34.64	椭圆上各点 x 坐标
N0060	♯102＝－40/70 * SQRT[70 * 70－♯101 * ♯101]	椭圆上各点 y 坐标
N1070	G01 X♯101 Y♯102	加工椭圆轨迹
N0080	♯101＝♯101－0.5	x 坐标每次减少 0.5 mm
N0090	IF♯101GE0]GOTO50	若 x 坐标大于 0,循环继续
N0100	♯105＝－40	椭圆上各点 y 坐标
N0110	♯106＝－50/40 * SQRT[40 * 40－105 * ♯105]	椭圆上各点 x 坐标
N0120	G01 X♯106Y♯105	加工椭圆轨迹
N0130	♯105＝♯105＋0.5	y 坐标每次增加 0.5 mm
N0140	IF[♯105 LE40] GOTO100	若 y 坐标小于 40,循环继续
N0150	♯103＝0	椭圆上各点 x 坐标
N0160	♯104＝40/70 * SQRT[70 * 70－♯103 * ♯103]	椭圆上各点 x 坐标
N0170	G01 X♯103 Y♯104	加工椭圆轨迹
N0180	♯103＝♯103＋0.5	x 坐标每次增加 0.5 mm
N0190	IF[♯105 LE34.5] GOTO150	若 x 坐标小于 34.5,循环继续
N0200	G01 34.64 Y34.76	直线插补
N0210	G02 X45 Y20.49 R15	圆弧插补
N0220	G01Y－30	铣月牙形小凸台
N0230	X90	

O0063		主 程 序
N0240	Y30	
N0250	X68	
N0260	Y—30	
N0270	G40 G01 Y80	直线退刀并取消刀补
N0280	M99	子程序结束,返回主程序
	O263	加工凸台内腔凹槽子程序
N0010	G68 X0 Y0 R30	坐标系逆时针旋转30°
N0020	G34 G01 X20 Y0 F40	建立刀具圆弧半径补偿
N0030	G03 X—10 Y17.32 R20	圆弧进刀并切入
N0040	G01 X—25 Y8.66	凹槽轨迹
N0050	G03 X—25 Y8.66 R10	
N0060	G01 X—10 Y17.32	
N0070	G03 X10 Y—17.32 R20	
N0080	G03 X25 Y—8.66	
N0090	G03 X25 Y8.66 R10	
N0100	G01 X10 Y17.32	
N0110	G40 G01 X0 Y0	直线退刀
N0120	G69	取消旋转坐标
N0130	G00 Z30	提刀至安全平面
N0140	M99	子程序结束,返回主程序
O0363		月牙形小凸台 $R50$ 的圆弧子程序
N0010	#1=30	
N0020	WHILE[#1GE1]DO1	
N0030	#2=SQRT[2500—#1*#1]—50	
N0040	G01 Z#2 F40	
N0050	G41 G01 X82 Y(—#1]	
N0060	X66	
N0070	Y#1	
N0080	X82	
N0090	Y(—#1]	
N0100	G40 G01 X40 Y—50	
N0110	#1=#1—1	
N0120	END1	
N0130	M99	子程序结束,返回主程序

本章小结

　　本章介绍了数控铣削零件的工艺分析方法和工艺过程的拟定原则与步骤,并以平面凸轮为例详细分析了加工工艺过程以及填写工艺文件的方法;并用变速箱体操纵机构拨动杆的数控铣削加工工艺要求读者结合相关理论自己完成工艺文件的填写,达到举一反三的目的;最后介绍了复杂形面的数控铣削加工工艺思路。通过本章的学习,读者应做到正确分析数控铣削加工工艺,制定工艺方案,编写相关加工程序。

习　题

一、填空题

　　1. 在粗铣平面时,因加工表面质量不均匀,选择铣刀直径应_____;精铣时,铣刀直径应_____,最好能包容加工面宽度。

　　2. 铣削平面轮廓曲线工件时,铣刀半径应_____工件轮廓的_____凹圆半径。

　　3. 当工件材料强度和硬度越高,每齿进给量 f_z 应选择_____,工件表面粗糙度要求越高,f_z 就应_____。硬质合金铣刀的 f_z 应_____于同类高速钢铣刀。

　　4. 在数控铣削加工零件轮廓时应尽量采用_____铣加工方式。

　　5. 在数控铣床上加工零件时,常用的工序划分方法有_____和_____。

二、选择题

　　1. 精细铣削平面时,应采用的加工条件为_____。

　　A. 较大的切削速度与较大的进给量　　　　B. 较大的切削速度与较小的进给量

　　C. 较小的切削速度与较大的进给量　　　　D. 较小的切削速度与较小的进给量

　　2. 铣刀切削速度方向与工件移动方向相同,称为_____。

　　A. 顺铣法　　　B. 逆铣法　　　C. 纵铣法　　　　D. 横铣法

　　3. 通常用球头刀加工比较平滑的曲面时,表面粗糙度的质量不会很高,其原因是_____。

　　A. 行距太大　　B. 行距太小　　C. 刀刃不锋利　　D. 球头刀刀尖切削速度几乎为零。

　　4. 在单件生产时,通常采用以下工艺方式_____。

　　A、使用专用设备　　　　　　　　B. 制定详细工艺文件

　　C、采用专用夹具　　　　　　　　D. 使用通用刀具和万能量具

　　5. 数控铣床与普通铣床相比,结构上差别最大的部件是_____。

　　A. 主轴箱　　　B. 床身　　　C. 进给传动机构　　　D. 工作台

　　6. 选择刀具起刀点时,可以不考虑_____。

　　A. 防止与工件或夹具碰撞　　　　B. 方便工件安装于测量

　　C. 每把刀的刀尖重合　　　　　　D. 必须在工件外侧

　　7. 需要同时加工平面和孔时,通常采用的工艺路线是_____。

　　A. 粗铣平面—钻孔—精铣平面　　　B. 先加工平面,后加工孔

C. 先加工孔,后加工平面　　　　　D. 都可以

8. 对于形状较复杂、体积较大的工件,通常采取的装夹方式是_____。

A. 直接夹持于工作台上　　　　　　　　B. 用虎钳装夹

C. 直接放置在工作台上,工件自身重力夹紧　　D. 焊接在工作台上

9. 精铣切削性能较好的材料,铣刀的齿数应_____。

A. 单齿　　　B. 较少　　　C. 较多　　　D. 不限

10. 为提高加工表面质量,应采取的方式是_____。

A. 提高切削速度　　　B. 降低切削速度　　　C. 减少刀具齿数　　　D. 增加进给量

三、判断题

1. (　)用立铣刀铣削线成形面时,铣刀直径应根据最小的外圆弧确定。

2. (　)端铣刀直径越小,加工时转速应越高。

3. (　)铣削较硬的工件材料时,铣削速度应较低。

4. (　)使用螺旋铣刀可以减少切削阻力,且不易产生振动。

5. (　)当加工表面质量要求较高时,应选择齿数较多的铣刀。

6. (　)在铣床上加工小孔时,应先打中心孔。

7. (　)使用端铣刀铣削端面时,应使用较大的铣削深度,较小的进给量。

8. (　)铣削长方体,经一次装夹后即可完成 6 个面加工。

9. (　)用设计基准作为定位基准,可以避免基准不重合引起的误差。

10. (　)在使用计算机自动编程时,不必考虑工艺问题。

四、简答题

1. 数控铣削的主要加工对象有哪些? 其特点是什么?

2. 在数控铣削加工中,选择定位基准应遵循的原则有哪些?

3. 立式数控铣床和卧式数控铣床分别适合加工什么样的零件?

4. 数控铣削加工工艺性分析包括哪些内容?

5. 基准统一原则指什么? 如果零件上没有合适的基准孔应当如何处理?

6. 对容易加工变形的零件材料应当采取什么样的预防变形措施?

7. 常见数控铣削加工曲面类型有哪些? 多坐标数控铣削的主要加工对象是什么?

8. 零件侧面与底面之间的转接圆弧半径值大小对加工有什么影响?

9. 顺铣和逆铣的概念是什么? 顺铣和逆铣对加工质量有什么影响? 如何在加工中实现顺铣或逆铣?

10. 行距的概念是什么? 行距的大小对加工精度有什么影响? 如何选择合适的行距?

五、综合题

根据图 5 - 21、5 - 22、5 - 23 的要求,试制定该零件加工工艺并填写相应的工艺文件。

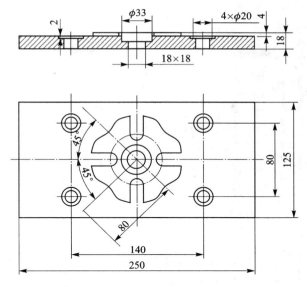

材料：LY12　毛坯：方料六面已加工
批量：100件

图 5-21　盖板

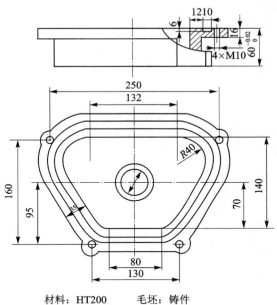

材料：HT200　　　毛坯：铸件
批量：2 000件

图 5-22　端盖

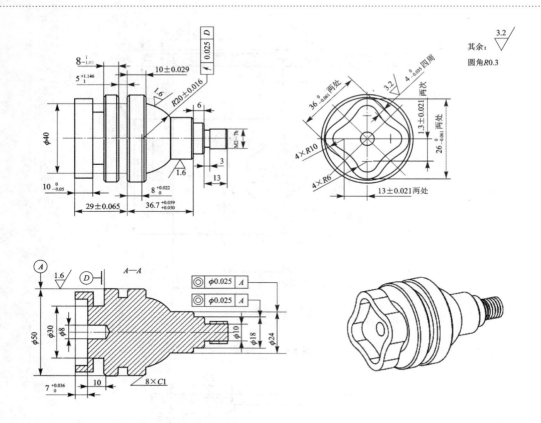

材料：45   毛坯：棒料ϕ5 mm×90 mm   批量：200件

图 5 - 23   凸轮轴

第6章　数控加工中心加工工艺

【学习目标】

① 了解加工中心机床分类方法及选用，了解加工对象及加工内容的选择；

② 理解加工中心加工工艺分析的内容并能对典型零件进行工艺分析；

③ 掌握加工中心加工工艺的制定原理与方法；

④ 合理编制典型零件的加工工艺文件。

加工中心（Machining Center，MC）是指配备有刀库和自动换刀装置，在一次装卡下可实现多工序（甚至全部工序）加工的数控机床。目前主要有镗铣类加工中心和车削类加工中心两大类。通常我们所说的加工中心是指镗铣类加工中心。

镗铣类加工中心是在数控铣床（镗床）的基础上演化而来的，其数控系统能控制机床自动地更换刀具，连续地对工件各加工表面自动进行铣削、钻削、扩削、铰削、镗削、攻丝等多种工序的加工，工序高度集中。

6.1　数控加工中心加工工艺基础

6.1.1　零件工艺性分析

零件的工艺性分析是制定加工中心加工工艺的首要工作。其主要任务是分析零件的技术要求，检查零件图的完整性；分析零件的结构工艺性；选择加工中心的加工内容等。

1. 零件图的分析

分析零件图，了解图形的结构要求，明确零件的材料、加工内容和技术要求，掌握图形几何要素间的相互关系和几何要素建立的充要条件，分析零件的设计基准和尺寸标注方法，为编程原点的选择和尺寸的计算做好准备。

（1）熟悉零件在产品中的位置、作用、装配关系和工作条件，明确各项技术要求对零件装配质量和使用性能的影响。

（2）分析零件图的尺寸标注方法。零件图上的尺寸标注应适应数控机床加工的要求，在数控加工零件图上应以同一基准标注尺寸或直接给出坐标尺寸，这样既便于编程，又有利于设计基准、工艺基准、测量基准和编程原点的统一。

（3）分析零件图的完整性和正确性。构成零件轮廓几何元素的尺寸和相互关系（相交、相切、同心、垂直、平行等）是数控编程的重要依据，手工编程时，要依据这些条件计算每一个基点或节点的坐标。零件图样构成条件要充分，必要时要用绘图软件验证。

（4）分析零件的技术要求。零件的技术要求主要是指尺寸精度、几何形状精度、相互位置精度、表面粗糙度、热处理及其他要求等。这些要求在保证零件使用性能的前提下，应该适度、合理。过高的精度和表面粗糙度要求会使工艺过程复杂，加工制造困难，零件的生产成本提高。

2. 零件结构工艺性分析

零件的结构工艺性分析是指设计的零件在满足使用要求的前提下,制造的可行性和经济性。良好的结构工艺性可以使零件加工容易,节省工时和材料。零件各加工部位的结构工艺性应符合数控加工的特点,加工中心上加工的零件,其结构工艺性应具备以下几点要求。

(1) 零件的切削加工余量要小,以减少加工中心的切削加工时间,降低零件的加工成本。

(2) 零件内轮廓或外轮廓的几何类型应统一,有利于减少加工过程中刀具的数量及更换刀具的次数,提高加工质量及加工效率。

(3) 零件上孔和螺纹的尺寸规格尽量统一,减少加工时钻头、铰刀及丝锥等刀具数量,以防刀库容量不够。

(4) 零件上孔径尺寸规格尽量标准化,以便选用标准刀具。

(5) 零件加工表面应具有加工性和方便性。

(6) 零件结构应具有足够的刚性,以减少夹紧和切削过程中的变形,保证零件的加工质量。

3. 加工中心加工内容的选择

加工中心适用于复杂、工序多、精度要求高、需用多种类型普通机床和繁多刀具、工装,经过多次装夹和调整才能完成加工的具有适当批量的零件。

(1) 加工中心主要加工的 4 类零件

(1) 箱体类零件。箱体类零件(见图 6-1)是指具有一个以上的孔系,并有较多型腔的零件,这类零件在机械、汽车、飞机等行业较多,例如:汽车的发动机缸体、变速箱体,机床的床头箱、主轴箱,柴油机缸体,齿轮泵壳体等。箱体类零件在加工中心上加工,一次装夹可以完成普通机床 60 %～ 95 %的工序内容,零件各项精度一致性好、质量稳定,同时可缩短生产周期,降低成本。对于加工工位较多、工作台需多次旋转角度才能完成的零件,一般选用卧式加工中心;当加工的工位较少且跨距不大时,可选立式加工中心,从一端进行加工。

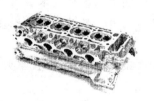

(a) 发动机缸体零件   (b) 变速器箱体零件

图 6-1 箱体类零件

(2) 复杂曲面类零件。在航空航天、汽车、船舶、国防等领域的产品中,复杂曲面类占有较大的比重,如叶轮、螺旋桨、各种曲面成型模具等,如图 6-2 所示的整体叶轮。零件上的复杂曲面用加工中心加工时,与数控铣削加工基本是一样的,所不同的是加工中心刀具可以自动更换,工艺范围更宽。

(3) 异形件类零件异形件是外形不规则的零件,大多需要点、线、面多工位混合加工,如支

架、基座、样板、靠模等,如图 6 - 3 所示。异形件的
刚性一般较差,夹压及切削变形难以控制,加工精度
也难以保证,这时可充分发挥加工中心工序集中的
特点,采用合理的工艺措施,一次或两次装夹,完成
多道工序或全部的加工内容。

（4）盘、套、板类零件。带有键槽、径向孔或端面
有分布孔系以及有曲面的盘、套或轴类零件,还有具
有较多孔加工的板类零件,适宜采用加工中心加工。
端面有分布孔系、曲面的零件宜选用立式加工中心,
有径向孔的可选卧式加工中心。

图 6 - 2　整体叶轮

2. 适合加工中心加工的内容

（1）用数学模型描述的复杂曲线或曲面。

(a) 叉架零件

(b) 支架零件

图 6 - 3　异形类零件

（2）难测量、难控制进给、难控制尺寸的不开敞内腔的表面。

（3）尺寸精度要求较高的表面。

（4）零件上不同类型表面之间有较高的位置度要求,更换机床加工时难保证位置精度要
求,必须在一次装夹中合并完成铣、镗、锪、铰或攻丝等多工序的表面。

（5）镜像对称加工的表面等。

分析过程中,首先要考虑的问题是这个零件的加工的可能性,其次才去考虑生产效率和经
济性。

6.1.2　确定加工方案

一般来说,规格相近的加工中心,卧式加工中心的价格比立式加工中心的贵 50％～
100％。从经济性的角度考虑,完成同样工艺内容,立式加工中心能满足加工要求的就不要选
用卧式加工中心。

1. 加工中心类型的选用

（1）只需单工件加工的零件一般选用立式加工中心,如各种平面凸轮类、盖板类零件和跨
距较小的箱体等。

（2）两工位以上的工件在四周具有呈径向辐射状排列的孔或面的工件及位置精度要求较
高的工件,适于选用卧式加工中心,如箱体、阀体、泵体等。

（3）当工件需进行五面加工以保证尺寸精度及相互位置精度的要求时,可选用复合加工
中心。

（4）大尺寸工件，一般立柱式加工中心无法满足加工要求时，应选用龙门式加工中心。

选择机床类型时，应根据生产现场所具有的生产设备合理选用，在保证加工质量的前提下，兼顾加工效率及经济性。

2．加工中心规格的选择

加工中心规格选择需考虑的几个方面：工作台的规格、坐标行程范围、坐标联运等。

（1）工作台规格的选择。工作台尺寸规格应稍大于零件外形尺寸，以便于夹具的安装。但应注意，大工作台加工单件多工位的小尺寸工件时，会因刀具悬伸过长刚性下降而影响加工质量。

（2）坐标行程范围的选择。零件的外形尺寸决定着对加工中心各坐标行程的范围的选择。以卧式加工中心为例，主要考虑主轴端面到工作台中心距离的移动范围及主轴中心到工作台台面的移动距离。其各加工部位必须在机床各向行程的最大值与最小值之间。另外，工件与夹具的总重量不能大于工作台的额定负载，工件移动轨迹不能与机床防护罩干涉，交换刀具时，不得与工件相碰撞等。

（3）机床主轴功率与扭矩选择。主轴电动机功率反映机床的切削效率和切削刚性。加工中心一般都配置功率较大的交流或直流调速电动机，调速范围比较宽，可满足高速切削的要求。但在用大直径面铣刀铣削平面和粗镗大孔时，转速较低，输出功率较小，扭矩受限制。因此，必须对低速转矩进行校核。

3．加工中心加工精度的选择

国产加工中心按精度分有普通型和精密型两种。表 6-1 列出了加工中心的几项关键精度。

表 6-1　加工中心精度等级参数　　　　　　　　　　　　　　　　mm

数 度 项 目	普 通 型	精 密 型
单轴定位精度	±0.01/300 全长	0.005/全长
单轴重复定位精度	±0.006	±0.003
铣圆精度	0.03～0.04	0.02

通常加工两孔的孔距误差是定位精度的 1.5～2 倍。普通型加工中心加工，孔距精度可达 IT8 级；精密型加工中心加工，孔距精度可达 IT6～IT7 级。为保证零件的加工质量，按经验一般应选择加工中心的各项精度为零件对应精度的 0.5～0.65 较为合理。

4．加工中心功能选择

加工中心功能的选择主要考虑：数控系统功能、坐标轴控制功能、工作强自动分度功能、刀库容量、冷却功能等。

总之，在选择加工中心时，工艺人员应对使用机床的性能、主要参数及功能有较为详细的了解。

6.1.3　零件加工工艺方案的制定

零件的工艺设计包含从零件毛坯的选择到成品的整个过程，如加工设备、刀具、夹具、检具及各辅具的选择，整个零件加工工艺路线的安排等。在此我们主要介绍加工中心加工零件工艺方案的设计。

1. 加工方法的选择

机械零件的几何要素一般由平面、曲面、轮廓、孔系和螺纹等组成,选择加工方法时应与零件的表面特征、加工精度及表面粗糙度相适应。

1) 平面、平面轮廓及曲面加工方法

在加工中心上可铣平面、平面轮廓及曲面。经粗铣的平面,尺寸精度一般可达到 IT12～IT14 级,表面粗糙度可达 Ra12.5～25;经粗、精铣的平面,尺寸精度一般可达到 IT7～IT9 级,表面粗糙度可达 Ra0.8～3.2。

2) 孔加工方法

孔加工的方法较多,有钻、扩、铰、镗等。大直径孔还可采用圆弧插补方式进行铣削加工。孔的具体加工方案可按下述方法制定。

(1) 所有孔系都先完成全部孔的粗加工,再进行精加工。

(2) 对于直径大于 $\phi30$ 的已铸出或锻出毛坯孔的孔加工,可在普通机床上先完成毛坯荒加工,留给加工中心的余量为 4～6 mm(直径),然后再上加工中心按"粗镗—半精镗—孔端倒角—精镗"4 个工步完成;孔径较大的可采用立铣刀"粗铣—精铣"加工方案。

(3) 直径小于 $\phi30$ 的孔可以不铸出毛坯孔,全部加工都在加工中心上完成,可分为"锪平端面—打中心孔—钻—扩—孔端倒角—铰"等工步;对有同轴度要求的小孔,需采用锪平端面—打中心孔—钻孔—半精镗孔—孔口倒角—精镗(或铰)的加工方案。孔端倒角安排在半精加工之后,精加工之前,以防孔内产生毛刺。

(4) 在孔系加工中,先加工大孔,再加工小孔,特别是在大小孔相距很近的情况下,更要采取这一措施。

(5) 对螺纹加工,要根据孔径大小采取不同的处理方式。一般情况下,直径在 M6～M20 之间的螺纹,通常采用攻螺纹方法加工;M6 以下 M20 以上的螺纹只在加工中心上完成底孔加工,攻丝可通过其他手段进行。因为加工中心的自动加工方式,在攻小螺纹时,不能随机控制加工状态,小丝锥容易折断,从而产生废品。由于刀具、辅具等因素影响,在加工中心上攻 M20 以上大螺纹有一定困难。当然这也不是绝对的,视具体情况而定。

2. 加工阶段的划分

加工中心上加工零件,工序十分集中,许多零件只需在一次装卡中就能完成全部工序。对于加工质量要求较高的零件,应尽量将粗、精加工分两个阶段进行。但是零件的粗加工,特别是铸、锻毛坯零件的基准平面、定位面等的加工应在普通机床上完成之后,再装夹到数控机床上进行加工,原因如下。

(1) 粗加工是以在最短的时间内去除最多的加工余量为目的,需较大紧力和切削力,使得工件在切削过程中产生夹紧变形、切削应力及大量的切削热,极易产生加工误差。粗、精加工分开,有一段自然时效的过程,使零件的弹性变形和热变形得到释放,以便在后序的加工中得以修正,有利于保证产品质量。

(2) 粗加工去除了零件的表层金属,能及时发现毛坯各种隐含缺陷,便于对后续加工的合理安排。

(3) 粗、精加工分开进行,可以合理使用设备,充分发挥数控机床的特点,保持数控机床的精度,延长数控机床的使用寿命,降低数控机床的使用成本。

3. 加工顺序的安排

在加工中心上加工零件时,一般都有多个工步,使用多把刀具,因此加工顺序安排的是否合理,直接影响到加工精度、加工效率、刀具数量及经济效益。切削加工工序的顺序安排一般遵循先粗后精、先面后孔、先主后次、刀具集中等原则。加工工序的安排要视加工零件的具体情况具体分析,许多零件加工顺序的安排综合了上述各种方法,从而进行,合理选择。

4. 加工中心加工路线的确定

加工中心上刀具的进给路线可分为铣削加工进给路线和孔加工进给路线。铣削加工进给路线在铣削部分的章节已经阐述,在此不再赘述。下面主要介绍孔加工进给路线。

孔加工时,一般是首先将刀具在 xy 平面向快速定位运动到孔中心线的位置上,然后刀具再沿 z 向(轴向)运动进行加工。所以孔加工进给路线的确定包括以下几个方面。

(1) 确定 xy 平面内的进给路线。

孔加工时,刀具在 xy 平面内的运动属点位运动,确定进给路线时,主要考虑以下几个方面。

① 定位要迅速。

在刀具不与工件、夹具和机床碰撞的前提下空行程尽可能短。例如,加工图 6-4(a)所示零件时,按图 6-4(b)所示进给路线进给比按图 6-4(c)所示进给路线进给节省定位时间近一半。这是因为在点位运动情况下,刀具由一点运动到另一点时,通常是沿 x、y 坐标轴方向同时快速移动,当 x、y 轴各自移距不同时,短移距方向的运动先停,待长移距方向的运动停止后刀具才达到目标位置。图 6-4(b)所示方案使沿两轴方向的移距接近,所以定位过程迅速。

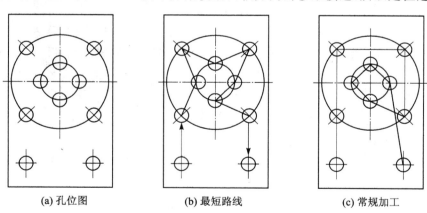

(a) 孔位图　　　　　(b) 最短路线　　　　　(c) 常规加工

图 6-4　最短进给路线示例

② 定位要准确。

安排进给路线时,要避免机械进给系统反向间隙对孔位精度的影响。例如,镗削图 6-5(a)所示零件上的 4 个孔时,按图 6-5(b)所示进给路线加工时,由于 4 孔与 1、2、3 孔定位方向相反,y 向反向间隙会使定位误差增加,从而影响 4 孔与其他孔的位置精度;按图 6-5(c)所示进给路线加工时,加工完 3 孔后往上多移动一段距离至 P 点,然后再折回来在 4 孔处进行定位加工,这样方向一致,就可避免反向间隙的引入,提高了 4 孔的定位精度。

　　定位迅速和定位准确有时两者难以同时满足,在上述两例中,图 6-5(b)所示是按最短路线进给,但不是从同一方向趋近目标位置,影响了刀具定位精度;图 6-5(c)所示是从同一方向趋近目标位置,但不是最短路线,增加了刀具的空行程。这时应抓主要矛盾,若按最短路线进给能保证定位精度,则取最短路线;反之,应取能保证定位精度的路线。

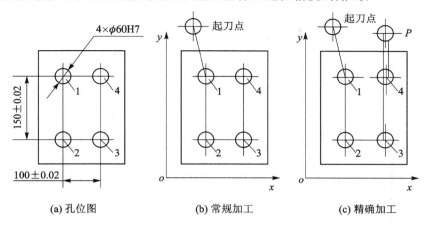

图 6-5　准确定位进给路线示例

（2）确定 z 向（轴向）的进给路线。

　　刀具在 z 向的进给路线分为快速移动路线和工作进给路线。刀具先从起始平面快速运动到距工件加工表面一定距离的 R 平面(距工件加工表面一切入距离的平面)上,然后按工作进给速度进行加工。图 6-6(a)所示为加工单个孔时刀具的进给路线。

　　对多孔加工,为减少刀具空行程进给时间,加工同一平面上的孔时,刀具不必退回到初始平面,只要退到 R 平面上即可,其进给路线如图 6-6(b)所示。

　　在工作进给路线中,工作进给距离 Z_F 包括被加工孔的深度 H、刀具的切入距离 Z_a 和切出距离 Z_0(加工通孔),如图 6-7 所示。

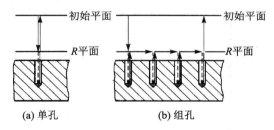

图 6-6　刀具 z 向进给路线示例

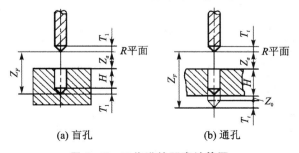

图 6-7　工作进给距离计算图

图中刀具切入、切出距离的经验数据见表 6-2。

表6-2 刀具切入、切出距离参考值

加工方法＼表面状态	已加工表面	毛坯表面	加工方法＼表面状态	已加工表面	毛坯表面
钻孔	2～3	5～8	铰孔	3～5	5～8
扩孔	3～5	5～8	铣孔	3～5	5～10
镗孔	3～5	5～8	攻螺纹	5～10	5～10

6.1.4　切削用量的选择

切削用量的选择主要根据加工零件余量大小、材质、热处理方法、尺寸精度、形位公差和表面粗糙度等零件图纸的技术要求,结合所选用刀具的切削性能和拟定的工艺路线,正确合理地选择切削用量。具体选择方式可参见 5.1 节,参数选择可参见本书附表 1～附表 10。

6.1.5　填写数控加工技术文件

填写数控加工专用技术文件是数控加工工艺设计的内容之一,技术文件既是数控加工的依据、产品验收的依据,也是操作者遵守、执行的规程。数控加工技术文件主要有:数控加工工序卡、数控加工走刀路线图和数控刀具卡等。具体参见本书表 1-1～表 1-5。

6.2　上模零件的加工中心加工工艺实例

6.2.1　任务要求

图 6-8 所示一模具的上模,该零件上、下平面及四侧面已加工完成,零件材料为 45 钢,未注表面粗糙度 Ra3.2。

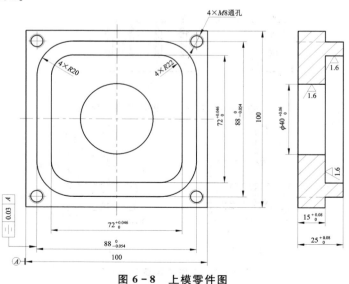

图 6-8　上模零件图

6.2.2　零件的工艺分析

1. 零件的结构工艺性分析

该零件主要由平面,内、外轮廓及孔系组成。零件的外形轮廓与内腔轮廓的几何形状统一,在加工过程中可以使用同一把刀具完成加工,减少了刀具的数量及换刀次数,有利于提高加工效率。刀具半径 r 刀的选择主要受内凹圆弧半径的制约,应小于零件内腔轮廓面的最小曲率半径,一般取系数 $r = (0.8 \sim 0.9)\rho_{min}$。该零件内轮廓转接圆角半径为 $R12$,且无槽底圆角,为满足刀具强度和刚性的要求,可选择 $\phi20$ 的圆柱立铣刀。

零件内接圆弧 R 的大小影响刀具直径的选择,如果零件内接圆弧过小,加工深度过大,在铣削加工中因刀具受力变形会导致加工精度降低。通常 R 需大于 0.2 倍的轮廓深度,才能保证加工质量。该零件满足这一要求,具有较好的加工工艺性。

螺纹孔上表面与工件上表面不在同一平面,且孔中心线与零件外轮廓共线,孔加工过程中刀具的移动需选择返回初始平面。孔和螺纹的结构使该零件加工过程中刀具数量增加,为了减轻工人劳动强度,减少手动换刀出错的概率,考虑选用自动换刀的方式对该零件进行加工。

2. 零件的精度工艺性分析

该零件为结构对称的型腔件,其中最高精度尺寸为 $72_0^{+0.074}$ mm、$88_{-0.074}^{0}$ 及 $\phi40_0^{+0.06}$,最高表面粗糙度为 Ra1.6 μm,均在经济型数控加工中心的加工精度控制范围之内。

该零件被测要素内腔尺寸 $72_0^{+0.074}$ mm 的中心要素对基准要素外形轮廓尺寸 100 mm 的中心要素有对称度要求,对称度公差为 0.04 mm。只要能够确保工件的准确定位,数控机床的精度足以保证一次定位安装全部加工完成的零件轮廓的位置公差要求。

上模零件的材料为 45 钢,无热处理要求,前工序已完成零件四侧面与上下表面的加工,切去了毛坯的表面硬质层,故切削性能良好。

上模零件图纸尺寸标注完整、正确。长、宽尺寸均以中心要素为基准,高度尺寸标注基准统一,符合数控加工要求,便于程序的编制。

零件加工程序是以准确的坐标点来编制的,如果零件轮廓各处尺寸公差带不同,用同一把铣刀、同一个刀具半径补偿值编程加工时,就很难同时保证各处尺寸在尺寸公差范围内。故需将图中精度较高的以极限形式标注的尺寸换算成平均形式标注的尺寸,编程尺寸按换算后的平均尺寸进行,如下。

$72_0^{+0.046} \Rightarrow 72.023 \pm 0.023$

$88_{-0.054}^{0} \Rightarrow 87.973 \pm 0.027$

$\phi40_0^{+0.06} \Rightarrow \phi40.03 \pm 0.03$

6.2.3　加工设备选择

由于上模零件的内、外轮廓和全部孔只需单工件加工即可完成,故选择立式加工中心。该零件加工内容只有粗铣、精铣、半精镗、精镗、钻、攻螺纹等工步,所需刀具不超过 20 把,故选用国产 XH714 型立式加工中心即可满足上述要求。

该机床 x 轴的行程为 710 mm,y 轴行程为 400 mm,z 轴行程为 550 mm,工作台尺寸为 900 mm

×400 mm,主轴端面到工作台台面距离为 150 mm～700 mm,定位精度和重复定位精度分别为 ±0.02 mm 和 ±0.01 mm,刀库容量 12 把,工件一次装夹后可自动完成上述内容加工。

6.2.4　确定装夹方案和选择夹具

确定定位、装夹方案主要根据加工零件尺寸大小、结构特点、加工部位、尺寸精度、形位精度和表面粗糙度等零件图纸技术要求,结合加工方法选择的定位基准、装夹形式及使用夹具。

上模零件转至加工中心加工之前,已完成上下平面及两两平行且相互垂直的四侧面的加工,零件结构简单、尺寸较小,所以采用平口虎钳。以上模底面和两个侧面定位用台钳钳口从侧面夹紧。装夹过程中应注意工件底面等高垫铁与刀具的干涉问题。

6.2.5　切削刀具的选择

刀具选择主要是根据零件加工余量大小、几何形状、结构特点、材质、热处理硬度等图纸上的技术要求,合理选择刀具材料及刀具结构。

XH714 立式加工中心的允许装刀直径为:无相邻刀具为 $\phi150$,满刀状态为 $\phi80$。因在此零件加工过程中无大平面铣削加工,故无需考虑刀具相邻干涉情况。XH714 型加工中心主轴锥孔为 ISO40,故刀柄柄部应选择 BT40 型。

1. 零件内、外轮廓铣削用刀具的选用

轮廓铣削过程中,在条件允许的情况下尽量选用大直径尺寸的刀具,以提高加工质量和加工效率。立铣刀刀具直径的选用受控于内凹曲率半径,该零件内接圆弧的半径为 R12,因此内轮廓铣削选用 $\phi20$ 的高速钢立铣刀,齿数 3。为了减少刀具数量,外轮廓铣削选用相同规格的刀具。

2. 零件孔加工与螺纹加工刀具的选用

该零件 $\phi40_0^{+0.06}$ 孔加工选用硬质合金可转位镗刀,分半精镗、精镗两把刀具;4×M8 螺纹孔选用 $\phi3$ 中心钻、$\phi6.7$ 麻花钻、$\phi8$ 锪钻与 M8 丝锥。

6.2.6　设计加工路线

加工路线设计的主要内容为选择加工方法、确定加工顺序、划分工序及工步、确定进给加工路线。

1. 选择加工方法

根据平面加工及孔加工的经济精度,加工方法和上道工序所留余量,在确保零件加工质量的前提下,对各加工部位进行加工方法的选择。

内、外轮廓加工方法的选择:内、外轮廓的尺寸精度为 IT8 级,表面粗糙度为 Ra3.2。故选择粗铣—精铣方案。

$\phi40_0^{+0.06}$ 加工方法的选择:$\phi40_0^{+0.06}$ 内孔的尺寸精度为 IT8 级,表面粗糙度为 Ra3.2,选择粗铣—半精镗—精镗的加工方法。

4×M8 螺纹孔加工方法的选择:钻中心孔—钻螺纹底孔—孔口倒角—攻螺纹的加工方法。

2. 确定加工顺序

按照基准先行、先面后孔、先主后次、先粗后精的原则安排加工顺序及减少换刀次数来确

定加工顺序。

总体规划为：粗铣内、外轮廓—粗铣 $\phi40_0^{+0.06}$ 孔—$4\times$M8 螺纹孔钻中心孔、钻螺纹底孔、孔口倒角、攻螺纹—精铣内、外轮廓—半精镗、精镗 $\phi40_0^{+0.06}$ 孔。

3．划分工序及工步

根据加工中心工序集中的原则及零件的结构特点，按一次定位安装的内容做为一道工序。因此，该零件加工工序划分为一道，工序划分为 12 个工步完成。具体内容见表 6-3。

4．确定进给加工路线

为保证内、外轮廓的加工质量，粗、精铣削加工进给路线采用沿轮廓切线方向切入与切出的进刀方式，最终轮廓在一次连续走刀中完成，如图 6-9 和图 6-10 所示。因为孔的位置精度要求不高，机床的定位精度完全能保证，所以所有孔加工的进给路线均按最短路线确定（见图 6-11），铣孔、镗孔的进给路线见图 6-12。

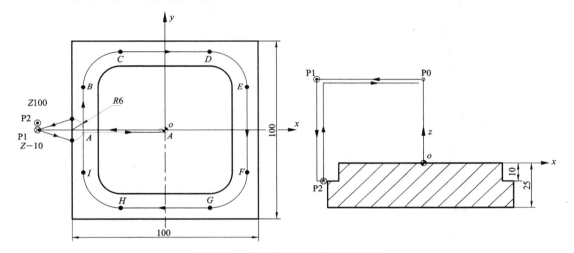

图 6-9　外轮廓精加工进给路线图

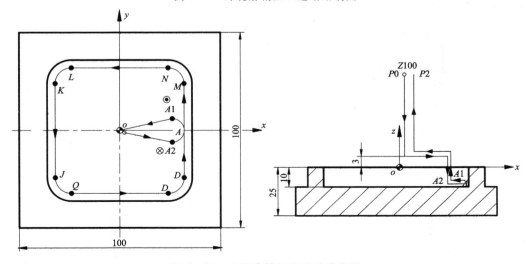

图 6-10　内轮廓精加工进给路线图

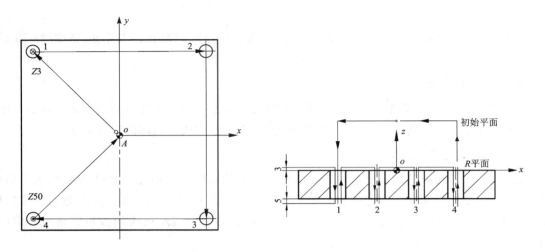

图 6-11　孔加工进给路线图

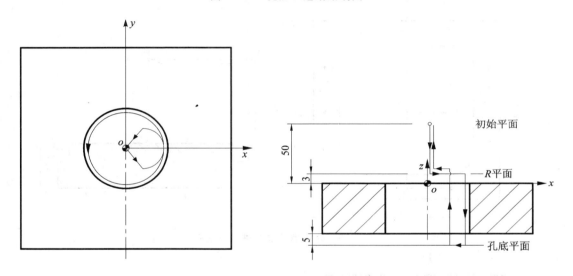

图 6-12　铣、镗孔加工进给路线图

6.2.7　切削用量的选择

切削用量在粗、精加工中的选择应有所不同,粗加工时,主要考虑机床进给机构和刀具的强度、刚度等限制因素,根据被加工零件的材料、刀具尺寸和已确定的背吃刀量,选择进给速度。

半精加工和精加工时,主要考虑被加工零件的精度、表面粗糙度、工件和刀具的材料性能等因素的影响。工件表面粗糙度值越小,进给速度也越小;工件材料的硬度越高,进给速度越低;工件、刀具的刚度和强度越低时,进给速度应选较小值。工件表面的加工余量大时,切削给速度应低一些;反之,工件的加工余量小时,切削进给速度应高一些。

1. 零件内、外轮廓加工切削用量的选用

该零件内、外轮廓及 $\phi40$ 孔铣根据表附表 6 和附表 5 所提供的参考值，粗铣时切削速度选 30 m/min，每齿进给量选 0.10 mm/z；精铣时切削速度选 35 m/min，每齿进给量选 0.04 mm/z；粗铣时背吃刀量取 1.0 mm，精铣时背吃刀量取 0.2 mm。

主轴转速 n 的计算公式：

$$n = \frac{1\,000\upsilon_c}{\pi D}$$

进给速度 f 的计算公式：$f = f_z \times Z \times n$

主轴转速 n、进给速度 f 根据所选参数按上式计算圆整后选择如下：

$\phi20$ 高速钢立铣刀粗铣 υ_c 选 30 m/min，f_z 选 0.10 mm/z，则 $n = 480$ r/min，$f = 100$ mm/min。

$\phi20$ 高速钢立铣刀精铣 υ_c 选 35 m/min，f_z 选 0.04 mm/z，则 $n = 560$ r/min，$= 70$ mm/min。

2. 零件孔与螺纹加工切削用量的选用

该零件孔加工（含螺纹）根据表附表 7～12 提供的参考值，选择切削参数计算结果如下。

$\phi3$ 中心钻 υ_c 选 16 m/min，f_z 选 0.07 mm/z，则 $n = 1\,700$ r/min，$= 120$ mm/min。

$\phi6.7$ 钻头选 12 m/min，f_z 选 0.10 mm/z；则 $n = 570$ r/min，$= 60$ mm/min。

$\phi8$ 锪孔钻选 12 m/min，f_z 选 0.10 mm/z；则 $n = 480$ r/min，$= 50$ mm/min。

M8 丝锥 υ_c 选 2 m/min，则 $n = 80$ r/min，$f = n \times p = 80 \times 1.25 = 100$ mm/min。

$\phi40$ 半精镗刀 υ_c 选 95 m/min，f_z 选 0.20 mm/z，则 $n = 800$ r/min，$= 160$ mm/min。

$\phi40$ 精镗刀 υ_c 选 100 m/min，f_z 选 0.12 mm/z，则 $n = 800$ r/min，$= 100$ mm/min。

6.2.8　填写数控加工技术文件

1. 上模零件数控加工工序卡

将前面分析的各项内容综合，编制数控加工工序卡。上模零件数控加工工序卡见表 6 - 3。

表 6 - 3　上模零件数控加工工序卡

四川航天职业技术学院	数控加工工序卡		产品名称或代号		零件名称	材料	零件图号
					上模零件	45 钢	
工序号	程序编号	夹具名称	夹具编号		使用设备		车间
01	O7102	平口钳			XH714		
工步号	工步作业内容		刀具号	刀具规格 (mm)	主轴转速 (r/min)	进给速度 (mm/min)	背吃刀量 (mm)	备注
1	粗铣凸外轮廓，单边留余量 0.2 mm		T01	$\phi20$	480	100		

四川航天职业技术学院	数控加工工序卡	产品名称或代号		零件名称	材料	零件图号
				上模零件	45 钢	

工步号	工步作业内容	刀具号	刀具规格 (mm)	主轴转速 (r/min)	进给速度 (mm/min)	背吃刀量 (mm)	备注
2	粗铣凸内轮廓,单边留余量 0.2 mm	T01	$\phi20$	480	100		
3	粗铣 $\phi40$ 孔,单边留余量 0.2 mm	T01	$\phi20$	480	100		
4	$\phi3$ 中心钻定孔位	T02	$\phi3$	1 700	120		
5	钻 M8 螺纹底孔至 $\phi6.7$	T03	$\phi6.7$	570	60		
6	螺纹孔口倒角 1.5×45	T04	$\phi8$	480	50		
7	攻 M8 螺纹	T05	M8	80	100		
8	半精镗 $\phi40$ 孔,单边留余量 0.1 mm	T06	$\phi39.8$	800	160		
9	精镗 $\phi40$ 孔符图示要求	T07	$\phi40$	800	100		
10	精铣凸台外轮廓至符图示要求	T01	$\phi20$	560	70	0.2	
11	精铣凸台内轮廓至符图示要求	T01	$\phi20$	560	70	0.1	
编制		审核		批准		共 页	第 页

2. 上模零件进给路线图

进给路线图具体参见加工路线设计中的进给路线的确定,在此以上模零件外形轮廓的精加工铣削的进给路线为例进行说明。具体见例表 6 - 4,上模零件外轮廓精铣进给路线。

表 6 - 4　上模零件外轮廓精铣进给路线

零件图号		工序号		工步号		程序号		
机床型号		程序段号		加工内容		共　页	第　页	
						编制		
						校对		
						审批		

符号	⊙	⊗	◕	○→	→	↓→	○----	→○○●	⇒
含义	抬刀	下刀	编程原点	起刀点	走刀方向	走刀线相交	爬斜坡	铰孔	行切

3. 上模零件数控加工刀具卡

将前所选定的刀具及参数填入上模零件数控加工刀具卡中,以便于编程和操作管理。上模零件加工所选用刀具卡见表 6 - 5 所示。

例表 6 - 5　上模零件数控加工刀具卡

产品名称或代号			零件名称	上模	零件图号		
序号	刀具号	刀具			加工表面		备注
		规格名称	数量	刀长(mm)			
1	T01	$\phi20$ 高速钢立铣刀	1	实测	粗铣内、外轮廓		
2	T02	$\phi3$ 中心钻	1	实测	定孔中心位		
3	T03	$\phi6.7$ 麻花钻	1	实测	钻螺纹底孔		
4	T04	$\phi8$ 锪孔钻	1	实测	螺纹孔口倒角		
5	T05	M8 丝锥	1	实测	攻 $4\times$M8 螺纹		
6	T06	$\phi39.8$ 镗刀	1	实测	半精镗 $\phi40$ 孔		
7	T07	$\phi40$ 镗刀	1	实测	精镗 $\phi40$ 孔		
8	T08	$\phi20$ 高速钢立铣刀	1	实测	精铣内、外轮廓		
编制		审核		批准		共　页	第　页

6.3 异形件的数控铣削工艺

6.3.1 加工要求

图 6-13 所示为是某机床变速箱体中操纵机构上的拨动杆,用作把转动变为拨动,实现操纵机构的变速功能。材料为 HT200,该零件的生产类型为中批量生产。

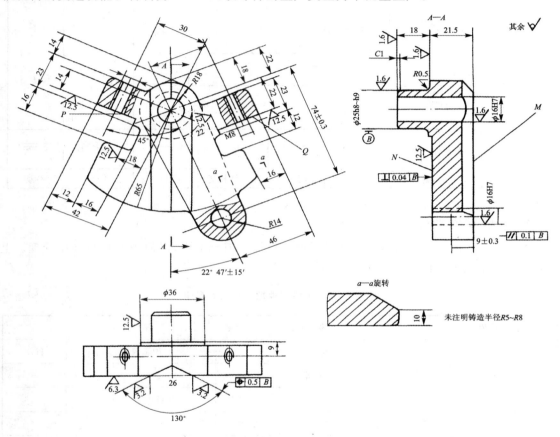

图 6-13 拨杆图纸

6.3.2 数控加工工艺性分析

1. 零件图工艺分析

先对拨动杆零件进行精度分析。对于形状和尺寸(包括形状公差、位置公差)较复杂的零件,一般采用化整体为部分的分析方法,即把一个零件看作由若干组表面及相应的若干组尺寸组成,然后分别分析每组表面的结构及其尺寸、精度要求,最后再分析这几组表面之间的位置关系。由零件图可以看出,该零件上有 3 组加工表面,这 3 组加工表面之间有相互位置要求,其具体分析如下。

3 组加工表面中每组的技术要求如下。

（1）以尺寸 $\phi16H7$ 为主的加工表面，包括 $\phi25h8$ 外圆、端面以及与之相距 74 mm$\pm$0.3 mm 的孔 $\phi10H7$。其中 $\phi16H7$ 孔中心与 $\phi10H7$ 孔中心的连线是确定其它各表面方位的设计基准，以下简称为两孔中心连线。

（2）表面粗糙度 Ra6.3 μm 平面 M，以及平面 M 上的角度为 130°的槽。

（3）P、Q 两平面及相应的 $2\times$M8 mm 螺纹孔。

对这 3 组加工表面之间主要的相互位置要求如下。

第（1）组和第（2）组为零件上的主要表面。第（1）组加工表面垂直于第（2）组加工表面，平面 M 是设计基准。第（2）组面上槽的位置公差为 $\phi0.5$ mm，即槽的位置（槽的中心线）与 B 面轴线垂直且相交，偏离误差不大于 $\phi0.5$ mm。槽的方向与两孔中心连线的夹角为 22°47'，$\pm$15'。

第（3）组及其他螺孔为次要表面。第（3）组上的 P、Q 两平面与第（1）组的 M 面垂直，P 面上螺孔 M8 mm 的轴线与两孔中心线连线的夹角为 45°。Q 面上的螺孔 M8 mm 的轴线与两孔中心线连线平行，而平面 P、Q 位置分别与 M8 mm 的轴线垂直，P、Q 位置也就确定了。

6.3.3　设备的选择

该零件加工表面较多，用普通机床加工，工序分散，工序数目多。采用数控机床可以将普通机床加工的多个工序在一个工序完成，提高生产率，降低生产成本。结合该零件结构异形，加工面多，需多方向加工的特点，故选用 VCM650 加工中心作为加工机床。

该机床 X 轴的行程为 650 mm，Y 轴行程为 400 mm，Z 轴行程为 480 mm，工作台尺寸为 800 mm$\times$420mm，主轴端面到工作台台面距离为 80～560 mm，定位精度和重复定位精度分别$\pm$0.025 mm 和$\pm$0.015 mm，刀库容量 20 把，工件一次装夹后可自动完成上述内容加工。

6.3.4　确定定位及装夹方案

1. 精基准的选择

选择精基准思路的顺序是，首先考虑以什么表面为精基准定位加工工件的主要表面，然后考虑以什么面为粗基准定位加工出精基准表面，即先确定精基准，然后选出粗基准。由零件的工艺分析可知道，此零件的设计基准是 M 平面、$\phi16$ mm 和 $\phi10$ mm 两孔中心的连线，根据基准重合原则，应选设计基准为精基准，即以 M 平面和两孔为精基准。由于多数工序的定位基准都是一面两孔，因此上述的选择也符合基准统一原则。

2. 粗基准的选择

根据粗基准选择应合理分配加工余量的原则，应选 $\phi25$ mm 外圆的毛坯面为粗基准（限制 4 个自由度），以保证其加工余量均匀；选平面 N 为粗基准（限制一个自由度），以保证其有足够的余量；根据要保证零件上加工表面与不加工表面相互位置精度要求的原则，应选 $R14$ mm 圆弧面为粗基准（限制一个自由度），以保证 $\phi10$ mm 孔轴线在 $R14$ mm 圆心上，使 $R14$ mm 处壁厚均匀。

6.3.5　切削刀具的选择

加工中心的刀具要根据加工中心机床、夹具的的要求，工件材料的性能，加工工序的安排，切削用量及其他相关因素正确选用。刀具选择总的原则是:刀具的安装和调整方便,刚性好,耐用度和精度高。在保证安全和满足加工要求的前提下,刀具长度应尽量短,以提高刀具的刚性。

VCM650 立式加工中心的允许装刀最大直径 $\phi150$ mm,因在此零件加工过程中无大平面铣削加工,故无需考虑刀具相邻干涉情况。VCM650 型加工中心主轴锥孔为 ISO40,故刀柄柄部应选择 BT40 型。

1. 零件内、外轮廓铣削用刀具的选用

轮廓铣削过程中,在条件允许的情况下尽量选用大直径尺寸的刀具,以提高加工质量和加工效率。为了减少刀具数量,轮廓铣削选用相同规格的刀具,因此轮廓铣削选用 $\phi15$mm 的高速钢立铣刀,齿数 3。

2. 零件孔加工与螺纹加工刀具的选用

该零件 $\phi15$H7、$\phi10$H7 孔加工需钻、扩、铰完成;M8 螺纹孔钻、扩、攻丝完成。具体刀具规格和种类见表 6 - 6 上模零件加工刀具卡。

表 6 - 6　数控加工刀具卡

产品名称或代号	×××		零件名称	拨动杆	零件图号	×××
序号	刀具号	刀具规格名称/mm	数量	加工表面(尺寸单位 mm)	刀长/mm	备注
1	T01	面铣刀 $\phi120$	1	铣 M 平面	实测	
2	T02	成形铣刀	1	粗、精铣 130°槽	实测	
3	T03	中心钻 A3	1	钻 $\phi10$、$\phi16$ 中心孔	实测	
4	T04	麻花钻 $\phi15$	1	钻 $\phi16$ 孔至尺寸 $\phi15$	实测	
5	T05	麻花钻 $\phi9$	1	钻 $\phi10$ 孔至尺寸 $\phi9$	实测	
6	T06	立铣刀 $\phi15$	1	铣 P、Q 面到尺寸	实测	
7	T07	扩孔钻 $\phi15.85$	1	扩 $\phi16$ 孔至尺寸 $\phi15.85$	实测	
8	T08	扩孔钻 $\phi9.8$	1	扩 $\phi10$ 孔至尺寸 $\phi9.8$	实测	
9	T09	铰刀 $\phi16$H7	1	铰 $\phi16$H7 孔成	实测	
10	T10	铰刀 $\phi10$H7	1	铰 $\phi10$H7 孔成	实测	
11	T11	M8 丝锥	1	攻 M8 螺纹	实测	
编制	×××		审核	×××	批准	×××	共　页	第　页

6.3.6　设计加工路线

加工路线设计主要内容为选择加工方法、安排加工顺序、划分工序和确定进给加工路线。

1. 选择加工方法

根据平面加工及孔加工的经济精度,加工方法和上道工序所留余量,在确保零件加工质量的前提下,对各加工部位进行加工方法选择。

轮廓、型面槽、平面加工方法的选择:根据零件的尺寸精度及表面粗糙度的要求,选择粗铣——精铣方案完成。

$\phi16$H7、$\phi10$H7 两孔加工方法的选择:钻中心孔—扩孔—铰孔的加工方法。

M8 螺纹孔加工方法的选择:钻中心孔—钻螺纹底孔—孔口倒角—攻螺纹的加工方法。

2．确定加工顺序

加工工艺路线安排如下:

工序 10:以 $\phi25$ mm 外圆(4 个自由度)、N 面(1 个自由度)、$R14$ mm(1 个自由度)为粗基准定位,采用立式数控铣床加工,工步内容为:铣 M 面;"粗铣—精铣"尺寸为 130°的槽;铣 P、Q 面到尺寸;"钻—扩—铰"加工 $\phi16H7$、$\phi10H7$ 两孔。为消除粗加工(钻孔)所产生的力变形及热变形对精加工的影响,在钻孔后,插入铣 P、Q 面的工步,以使钻孔后的表面有短暂的散热时间,最后安排孔的半精加工(扩孔)、精加工(铰孔)工步,以保证加工精度。

工序 20:以 M 面、$\phi16H7$ 和 $\phi10H7$(一面两孔)定位,车 $\phi25$ mm 外圆到尺寸,车 N 面到尺寸。

工序 30:以 M 面、$\phi16H7$ 和 $\phi10H7$(一面两孔)定位,"钻—攻螺纹"加工 $2\times M8$ 螺孔。

由以上分析可以看到,只需要三道工序就可以完成零件的加工,工序集中,极大提高了生产率,充分地反映了采用数控加工的优越性、先进性。

3．确定进给路线

为保证内、外轮廓的加工质量,粗、精铣削加工进给路线采用沿轮廓切线方向切入与切出的进刀方式,最终轮廓在一次连续走刀中完成。因为孔的位置精度要求不高,机床的定位精度完全能保证,所以所有孔加工的进给路线均按最短路线确定。具体参考 6.2 节实例自行完成。

6.3.7　切削用量的选择

请参照 6.2 节实例切削用量的选择原则及思路,查阅相关手册,确定各工步切削用量。

6.3.8　数控加工工艺规程文件编制

参照 6.2 节的方法,请填写数控加工编程任务书、数控加工工序卡、走到路线图等,原始表格参见本书第一章中的表 1~1 至 1~5。

本章小结

本章介绍了数控加工中心的加工工艺分析方法和工艺过程的拟定原则与步骤。以具有轮廓铣削与孔系组合的上模零件为载体,贯穿了数控加工中心制定零件加工工艺所需的知识点,以此了解数控加工中心加工工艺的特点,确定最佳的数控加工工艺流程及进给路线,选择合理的切削用量、刀具、夹具、机床等工装,保证零件的加工质量及加工效率。

习　题

一、填空题

1. 加工中心是指配备有_____和_____装置,在一次装卡下可实现多工序(甚至全部工序)加工的数控机床。

2. 加工中心主要加工的 4 类零件：_____、_____、_____和_____。

3. 加工中心规格选择需考虑：_____、坐标行程范围、_____和主电机功率等。

4. 一般情况下，直径在_____之间的螺纹，通常采用攻螺纹方法加工；该范围之外的的螺纹只在加工中心上完成底孔加工，攻丝可通过其他手段进行。

5. 孔加工时，刀具在 xy 平面内的运动属点位运动，确定进给路线时，主要考虑：_____和_____两方面。

二、选择题

1. 铣刀走私为 $\phi40$，铣削速度为 50 m/min，则其主轴转速为每分钟____。

A. 200 转　　　B. 280 转　　　C. 400 转　　　D. 500 转

2. 进行轮廓铣削时，铣刀尽可能沿工件轮廓的____方向切入或切出。

A. 切线　　　B. 法线　　　C. 垂直　　　D. 任意

3. 若主轴的转速为 600 r/min，每齿进给量 f_z 为 0.10 mm/z，选用 $\phi20$ 的双刃立铣刀进行铣削加工，则进给速度 f 等于____。

A. 120 mm/min　　　B. 100mm/min　　　C. 1200mm/min　　　D. 1000mm/min

4. 精度较高的孔系加工时，特别要注意孔的加工顺序的安排，主要是考虑到____。

A. 刀具的耐用度　　　B. 加工表面质量　　　C. 坐标轴的反向间隙　　D. 最短路线

5. 加工中心在加工通孔时，孔加工刀具端面与孔底平面的关系____。

A. 与孔底平面平齐　　B. 底于孔底平面　　C. 高于孔底平面　　　D. 无要求

三、问答题

1. 对分析零件图进行时主要考虑哪几个方面？

2. 零件结构工艺性应具备哪几项要求？

3. 加工中心加工顺序的安排应遵循哪几项原则？

四、综合题

1. 图 6-14 所示为凹槽盘零件图及三维立体图，毛坯 100 mm×100 mm×15 mm，工件上下表面已经加工，其尺寸和表面粗糙度等要求均已符合图纸规定，材料为 45 钢。试制定该零件加工工艺并填写相应的工艺文件。

2. 图 6-15 所示为垫板零件图及三维立体图，毛坯 180 mm×160 mm×25 mm，工件上下表面已经加工，其尺寸和表面粗糙度等要求均已符合图纸规定，材料为 45 钢。试制定该零件加工工艺并填写相应的工艺文件。

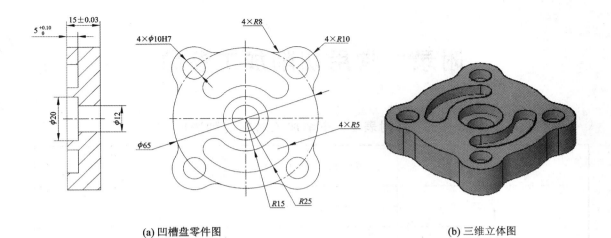

(a) 凹槽盘零件图　　　　　　　　(b) 三维立体图

图 6 - 14　凹槽盘零件图及三维立体图

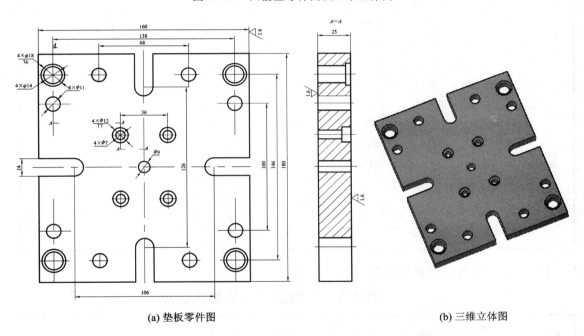

(a) 垫板零件图　　　　　　　　(b) 三维立体图

图 6 - 15　垫板零件图及三维立体图

附录 常用切削加工参数

附表 1 车削加工时的切削速度

工件材料	抗拉强度（N/m²）或硬度	刀具材料	粗加工（m/min）	精加工（m/min）
钢	350～400	A	40～50	60～75
		B	130～240	200～300
	430～500	A	30～35	50～70
		B	100～200	220～300
	600～700	A	22～28	30～40
		B	100～150	150～220
	700～850	A	18～24	35～40
		B	70～90	100～130
铸铁	140～190HB	A	18～25	30～35
		B	60～90	90～130
锡青铜	65～95 HB	A	40～50	60～75
		B	250～300	300～400
	95～125 HB	A	30～35	40～50
		B	150～200	220～300
铝		A	150～200	200～250
		B	600～800	800～1 000

注：A 为高速钢；B 为硬质合金。

附表 2 铣削加工时的切削速度

工件材料	抗拉强度（N/m²）或硬度	刀具材料	粗加工		精加工	
			切削速度（m/min）	进给量（mm/r）	切削速度（m/min）	进给量（mm/r）
钢	500～700	P25	80～120	0.3～0.4	100～120	0.1
	700～1 000	P40	60～100	0.15～0.4	80～100	0.1
铸铁	200～300 HB	K20	60～90	0.3～0.5	60～90	0.1
黄铜	80～120 HB	K20	150～220	0.15～0.4	170～300	0.1
青铜	60～100 HB	K20	100～180	0.15～0.4	140～250	0.1

附表 3 硬质合金车刀粗车外圆及端面的进给量

工件材料	车刀刀杆尺寸 $B \times H$(mm)	工件直径 d_w(mm)	背吃刀量 ap(mm)				
			≤3	>3~5	>5~8	>8~12	>12
			进给量 f(mm/r)				
碳素结构钢、合金结构钢及耐热钢	16×25	20	0.3~0.4	—	—	—	—
		40	0.4~0.5	0.3~0.4	—	—	—
		60	0.5~0.7	0.4~0.6	0.3~0.5	—	—
		100	0.6~0.9	0.5~0.7	0.5~0.6	0.4~0.5	—
		400	0.8~1.2	0.7~1.0	0.6~0.8	0.5~0.6	—
	20×30 25×25	20	0.3~0.4	—	—	—	—
		40	0.4~0.5	0.3~0.4	—	—	—
		60	0.5~0.7	0.5~0.7	0.4~0.6	—	—
		100	0.8~1.0	0.7~0.9	0.5~0.7	0.4~0.7	—
		400	1.2~1.4	1.0~1.2	0.8~1.0	0.6~0.9	0.4~0.6
铸造铁及铜合金	16×25	20	0.4~0.5	—	—	—	—
		60	0.5~0.8	0.5~0.8	0.4~0.6	—	—
		100	0.8~1.2	0.7~1.0	0.6~0.8	0.5~0.7	—
		400	1.0~1.4	1.0~1.2	0.8~1.0	0.6~0.8	—
	20×30 25×25	20	0.4~0.5	—	—	—	—
		40	0.5~0.9	0.5~0.8	0.4~0.7	—	—
		100	0.9~1.3	0.8~1.2	0.7~1.0	0.5~0.8	—
		400	1.2~1.8	1.2~1.6	1.0~1.3	0.9~1.1	0.7~0.9

注:① 加工断续表面及有冲击的工件时,表内进给量应乘系数 $k=0.75 \sim 0.85$;

② 在无外皮加工时,表内进给量应乘系数 $k=1.1$;

③ 加工耐热钢及其合金时,进给量不大于 1 mm/r;

④ 加工淬硬钢时,进给量应减小。当钢的硬度为 44~56HRC 时,乘系数 $k=0.8$;当钢的硬度为 57~62HRC 时,乘系数 $k=0.5$。

附表 4　按表面粗糙度选择进给量的参考值

工件材料	表面粗糙度 Ra(μm)	切削速度范围 v_c(m/min)	刀尖圆弧半径 r_ε/mm		
			0.5	1.0	2.0
			进给量 f（mm/r）		
铸铁、青铜、铝合金	>5~10	不限	0.25~0.40	0.40~0.50	0.50~0.60
	>2.5~5		0.15~0.25	0.25~0.40	0.40~0.60
	>1.25~2.5		0.1~0.15	0.15~0.20	0.20~0.35
碳钢及铝合金	>5~10	<50	0.30~0.50	0.45~0.60	0.55~0.70
		>50	0.40~0.55	0.55~0.65	0.65~0.70
	>2.5~5	<50	0.18~0.25	0.25~0.30	0.30~0.40
		>50	0.25~0.30	0.30~0.35	0.30~0.50
	>1.25~2.5	<50	0.10	0.11~0.15	0.15~0.22
		50~100	0.11~0.16	0.16~0.25	0.25~0.35
		>100	0.16~0.20	0.20~0.25	0.25~0.35

注：r_ε=0.5 mm，用于 12 mm~12mm 以下刀杆；r_ε=1 mm，用于 30 mm~30 mm 以下刀杆；r_ε=2 mm，用于 30~45 mm 及以上刀杆。

附表 5　铣刀每齿进给量 f_z

工件材料	f_z(mm/z)			
	粗　铣		精　铣	
	高速钢铣刀	硬质合金铣刀	高速钢铣刀	硬质合金铣刀
钢	0.10~0.15	0.10~0.25	0.02~0.05	0.10~0.15
铸铁	0.12~0.20	0.15~0.30		

附表 6　铣削时的切削速度

工件材料	硬度（HBS）	切削速度 v_c(m/min)	
		高速钢铣刀	硬质合金铣刀
钢	<225	18~42	66~150
	225~325	12~36	54~120
	325~425	6~21	36~75
铸铁	<190	21~36	66~150
	190~260	9~18	45~90
	160~320	4.5~10	21~30

附表 7　普通高速钢钻头钻削速度参考值

工件材料	低碳钢	中、高碳钢	合金钢	铸铁	铝合金	铜合金
钻削速度	25~30	20~25	15~20	20~25	40~70	20~40

附表 8　高速钢钻头加工铸铁的切削用量

钻头直径 (mm)	材料硬度 160～200HBS		材料硬度 200～300HBS		材料硬度 300～400HBS	
	v_c(m/min)	f(mm/r)	v_c(m/min)	f(mm/r)	v_c(m/min)	f(mm/r)
1～6	16～24	0.07～0.12	10～18	0.05～0.1	5～12	0.03～0.08
6～12	16～24	0.12～0.2	10～18	0.1～0.18	5～12	0.08～0.15
12～24	16～24	0.2～0.4	10～18	0.18～0.25	5～12	0.15～0.2
22～50	16～24	0.4～0.8	10～18	0.25～0.4	5～12	0.2～0.3

注:采用硬质合金钻头加工铸铁时取 $v_c=20\sim30$ m/min。

附表 9　高速钢钻头加工钢件的切削用量

钻头直径 (mm)	材料硬度 $\sigma_b=520\sim700$ Mpa (35、45 钢)		材料硬度 $\sigma_b=700\sim900$ Mpa (15Cr、20 Cr 钢)		材料硬度 $\sigma_b=1\,000\sim1\,100$ Mpa (合金钢)	
	v_c(m/min)	f(mm/r)	v_c(m/min)	f(mm/r)	v_c(m/min)	f(mm/r)
1～6	8～25	0.05～0.1	12～30	0.05～0.1	8～15	0.03～0.08
6～12	8～25	0.1～0.2	12～30	0.1～0.2	8～15	0.08～0.15
12～24	8～25	0.2～0.3	12～30	0.2～0.3	8～15	0.15～0.25
22～50	8～25	0.3～0.45	12～30	0.3～0.45	8～15	0.25～0.35

附表 10　高速钢铰刀铰孔的切削用量

钻头直径 (mm)	铸　铁		钢及合金钢		铅铜及其合金	
	v_c(m/min)	f(mm/r)	v_c(m/min)	f(mm/r)	v_c(m/min)	f(mm/r)
6～10	2～6	0.3～0.5	1.2～5	0.3～0.4	8～12	0.3～0.5
10～15	2～6	0.5～1	1.2～5	0.4～0.5	8～12	0.5～1
15～25	2～6	0.8～0.15	1.2～5	0.5～0.6	8～12	0.8～0.15
25～40	2～6	0.8～0.15	1.2～5	0.4～0.6	8～12	0.8～0.15
40～60	2～6	1.2～1.8	1.2～5	0.5～0.6	8～12	1.5～2

注:采用硬质合金铰刀铰铸铁时取 $v_c=8\sim12$ m/min,铰铝时取 $v_c=12\sim15$ m/min。

附表 11　镗孔切削用量

工序	刀具材料	铸铁		钢		铝及其合金	
		v_c (m/min)	f (mm/r)	v_c (m/min)	f (mm/r)	v_c (m/min)	f (mm/r)
粗镗	高速钢	20～25	0.4～1.5	15～30	0.35～0.7	100～150	0.5～0.15
	硬质合金	35～50		50～70		100～250	
半精镗	高速钢	20～35	0.15～0.45	15～50	0.15～0.45	100～200	0.2～0.5
	硬质合金	50～70		95～135			
精镗	高速钢	70～90	D1 级<0.08; D 级 0.12～0.15	100～135	0.12～0.15	150～400	0.06～0.1
	硬质合金						

注：当采用高精度的镗头镗孔时，由于余量较小，直径余量不大于 0.2 mm，切削速度可提高一些，铸铁件为 100～150 m/min，钢件为 150～250 m/min，铝合金为 200～400 m/min，巴氏合金为 250～500 m/min。进给量可在 0.03～0.1 mm/r 范围内。

附表 12　攻螺纹切削用量

加工材料	铸　铁	钢及其合金	铝及其合金
v_c (m/min)	2.5～5	1.5～5	5～15

参考文献

[1] 杨叔子. 机械加工工艺师手册[M]. 北京:机械工艺出版社,2002

[2] 马贤智. 实用机械加工手册[M]. 沈阳[M]:辽宁科学技术出版社,2002

[3] 陈洪涛. 数控加工工艺与编程[M]. 北京:高等教育出版社,2004

[4] 赵长旭. 数控加工工艺[M]. 西安[M]:西安电子科技大学出版社,2007

[5] 徐宏海. 数控机床刀具及其应用[M]. 北京:化学工业出版社,2012

[6] SECO 公司刀具样本

[7] 成都千木数控刀具有限公司样本